知识管理与智能服务研究前沿丛书

本书得到国家自然科学基金青年项目"基于全文本引文解构的引用失范行为识别与生成机理研究"（编号：72304181）资助

科学文献三角引用机制及引用行为研究

Research on the Triangular Citation Mechanism and Citation Behavior of Scientific Literature

刘运梅　著

WUHAN UNIVERSITY PRESS
武汉大学出版社

图书在版编目(CIP)数据

科学文献三角引用机制及引用行为研究 / 刘运梅著. -- 武汉：武汉大学出版社，2024.11. -- 知识管理与智能服务研究前沿丛书. ISBN 978-7-307-24668-3

Ⅰ. G301

中国国家版本馆 CIP 数据核字第 2024N72N12 号

责任编辑:黄河清　　　责任校对:汪欣怡　　　版式设计:马　佳

出版发行：**武汉大学出版社**　（430072　武昌　珞珈山）

（电子邮箱：cbs22@whu.edu.cn　网址：www.wdp.com.cn）

印刷:武汉邮科印务有限公司

开本:720×1000　1/16　印张:16　字数:228 千字　插页:2

版次:2024 年 11 月第 1 版　　　2024 年 11 月第 1 次印刷

ISBN 978-7-307-24668-3　　　定价:68.00 元

前　言

　　科学文献的引用结构是科学知识长期形成的、固有的客观存在，不仅可以反映知识、文献、学科等的内在机制，还可以反映科学家在科研活动中的行为规律与特征。因此，科学引用结构是情报学与科学学领域一项重要的研究课题，通过对文献引用机制与作者引用行为的持续探索，能够为科学评价、科研管理和科学信息服务提供决策支持。

　　随着科研产出效率的提高，全球范围内科学文献的总量大幅度增加，给科学研究中的文献调研与阅读工作增加了难度，参考文献转引等不规范引用问题和现象也随之越来越普遍。转引行为是作者在没有阅读引文原文的前提下，从其他引用了该篇引文的文献中间接引用该引文内容与题录信息的行为，从而影响期刊评价、论文影响力评价、人才评估等文献情报工作的科学性与准确性。因此，本书从文献引用行为角度，对参考文献引用过程中转引这一不规范引用行为进行研究，首先，提出这一行为表现出的引用结构——科学文献三角引用。其次，运用全文本引文内容分析法，挖掘三角引用结构内的间接引用机制；并结合文本挖掘技术，探索由三角引用机制作用下的间接引用行为识别手段、影响因素及其危害性。最后，根据三角引用结构中文献影响力的间接传播机制，构建科学文献影响力评价模型。

　　本书主要包括四个部分的主要研究内容：

　　第一，科学文献三角引用的概念提出与特征分析。首先构建科学文献三角引用的概念模型，如定义、理论价值、应用价值等，并定义三角引用中三种文献——原始文献 A、中间文献 B 与追随文献 C。其次，构建文献三角引用关系的获取步骤，并以大规模引文数据为实验样本，探究三角引用关系在实际引文网络中的覆盖比例。最后，从文献题录信息角度，选择文献类型、期刊影响因子、引用时间、学科领域、作者自引五个角度，对科学文献三角引用结构中的文献特征展开分析与讨论。数据结果证明三角引用关系广泛存在于文献引文网络中，覆盖率超过了 1/2。在引用时间上，B→A、C→B 的引用时间反应较快，而 C→A 具有相对较长的引用时滞；对于文献类型特征，A、B、C 三种文献主要以期刊论文、学位论文、会议论文为主，且同一结构内的 A-B-C 更倾向于同种文献类型；在期刊影响因子变化中，A→B→C 呈现递减规律，且 A 与 C 之间的差异明显最高；在跨学科引用特征上，对于期刊原始文献的三角引用结构，跨学科引用倾向于发生在 A 与 C 之间；在作者自引特征上，更倾向发生在 A 与 B 或 B 与 C 中，而在 A 与 C 之间难以产生作者自引。综合引用时滞、影响因子之差、跨学科引用与作者自引等多个角度的特征，C→A 的引用关系与引用特征不同于另外两种直接引用关系(B→A、C→B)，在原始文献 A 与追随文献 C 之间存在一种"间接三角引用机制"，即追随文献 C 通过中间文献 B，对原始文献 A 施加间接引用，这种间接引用机制促使了三角引用关系的产生。

第二，基于全文本引文内容的文献三角引用机制分析。从引文内容分析角度，对三角引用结构中三方引用关系(B→A、C→A、C→B)的引用强度、引用位置、引用情感、引用动机展开分析，以得到三角引用结构内三方文献的角色功能和相互作用机制。以大规模三角引用关系的全文数据为实验样本，抽取、标注、计算每条三角引用中三方引用关系的引用强度、引用章节位置、引用相对顺序、引用情感极性、引用动机等。数据结果发现：A、B、C 三方文献在三角引用结构中具有不同的角色、身份、影响力和学术价值，B→A、C→A、C→B 三方引用关系也各有不同的引用特点与机制。其中，原始文献 A 大多作为三角引用结构中发表时间最早、被引数量最多、被引用强度最大、被引用位置最靠前、被积极引用数量最多的文献，一般是相关研究主题或学科相对比较重要的、高影响力的文献，倾向提供一些较新颖的或开创性的概念、观点或方法；中间文献 B 是三角引用机制中关键的一环，多用于文献综述、知识概括等，起到联通作用；追随文献 C 则是三角引用结构中最活跃的施引角色，促使了三角引用关系的产生。此外，B→A、C→A 两条引用关系在引用情感、引用功能上表现出较高的一致性，即 C→A 在引证过程中可能参考了 B→A 的引用内容与引用语境。大量追随文献 C 通过中间文献 B 进行间接引用，导致原始文献 A 的被引频次虚高，从而产生一定范围的马太效应问题。

　　第三，三角引用机制作用下的引用行为识别与影响因素分析。对三角引用结构中的间接三角引用和隐形三角引用等不规范引用行为进行研究。首先，构建引文内容相似度、使用—引用转化率、耦合强度等多维度判定指标，通过大规模的文献数据对间接三角引用行为与隐形三角引用行为有效识别。其次，结合相关文献特征与引文内容特征，探索这两种不规范引用行为的影响因素，并分析其普遍存在的必然性与危害性。在间接三角引用行为识别中，发现其存在比例高达 41.3%，与原始文献 A 的语言差异、文献类型差异、学科差异以及作者自引，均是追随文献 C 对原始文献 A 施加间接三角引用行为的影响因素。在隐形三角引用行为识别中，从 300 万条文献耦合数据中发现了近 40000 组隐形三角引用关系，表征了隐形三角引用行为在科学引用中客观且普遍的存在。在隐形三角引用行为的影响因素分析中，文献 A、B、C 在语言、文献类型、所属学科方面的差异是导致文献 C 间接引用文献 A 的影响因素，文献 A、B 所在期刊影响力、自身被引影响力、发表时间差异是导致文献 C 刻意不引文献 B 的影响因素。间接三角引用与隐形三角引用行为是一种危害较大的不当引用行为，不仅会降低科学知识传播的流畅性与严谨性，还会对引文分析、科学评价等文献情报工作产生一定范围的负面影响。

　　第四，应用三角引用机制对科学文献影响力进行评价，并提出针对不规范引用行为的治理路径。基于量化模型和政策治理方法，

3

为三角引用中的不合理引用机制、不规范引用行为提供解决方案。首先，基于三角引用结构中存在的间接引用机制——文献 C 基于文献 B 的影响力，对文献 A 施加间接引用，引入传播学领域的两级传播模型，将文献引用频次划分为直接引用频次与间接引用频次，并降低间接引用关系的计数权重，构建在复杂引文网络中的引用过滤模型。其次，通过实证研究表明：过滤引用泡沫后的被引结果能较客观地反映科学文献的真实被引与真实影响力；引用过滤模型可用于识别潜在的高质量、高被引论文；同时，该过滤模型能够在较大程度上过滤掉发表时间较早文献的引用泡沫，改善学术评价中被引的时间累积性和马太效应问题，对年轻文献具有较高的评价公平性、较好的筛选能力。最后，从政策治理视角，解析科学论文从生产到出版发行过程中的不同科学参与主体，并分析各个角色在科学引用不规范问题中的动因；基于作者自身、期刊及编辑人员、审稿专家、读者群体、作者单位、期刊管理部门六个角度，从道德与行业法规等方面提出针对性治理措施与规范建议。

攻读博士期间，我的主要研究工作聚焦于本书的科学文献三角引用结构，作为一项新提出的概念，被接受和认可需要突破很多问题与质疑，这对我来说充满了巨大的挑战。起初三角引用问题仅是一个不成熟的小想法，正是在与恩师马费成先生一次次的交流中，拓展了我对这一引用结构的认识，也为我后面的连续性研究工作提供了很多思路。在入职上海大学后，我继续对前期研究进行拓展，并在国家自然科学基金青年课题的资助下，继续从事三角引用结构中失范行为的探索。本书也算是对过去数年研究工作的结晶，书中很多思想与观点尚待考究和完善，真心希望本书粗浅的研究能够为从事科学计量学领域的学者提供些许灵感或启发。

在完成本书的过程中，得到了太多的爱与支持。感谢武汉大学出版社各位老师为本书出版提供的巨大帮助，也让我对母校多了一份感恩与思念！感谢我的博士生导师马费成教授，恩师严谨治学、谦恭虚己的精神作风给我的工作之路带来了无形的熏陶，激励着我对学术生涯有了更高的追求！感谢上海大学各位领导、同事的帮助与宽容，让我在一个自由烂漫、轻松有趣的工作氛围里继续专注我所热爱的事业！感谢我的父母刘文、刘云，二十年来你们始终不渝地支持着我的学术之路，保护着我无忧无虑成长，我为自己能有世界上最好的父母而庆幸不已！感谢我的先生黄雷，谢谢你成为我生命的一部分，你对学术纯粹的追求勉励着我与你并肩奋战，我相信也坚信未来的某一天你一定会得偿所愿、青云万里！感谢还有一个月即将出世的小龙宝，拥有你是最特别、最幸福的体验，愿你慢慢成长、岁岁欢愉！

刘运梅

2024 年 10 月 21 日于上海

目　录

3

图　目　录

表 目 录

1 引　言

1.1　研究背景与研究意义

1.1.1　研究背景

正如普赖斯奖获得者 Cronon 所言，引文是科学工作者在科学大观园中永恒保留的驻足之处，这些印记构成了人类探索的轨迹。① 科学文献作为知识积累与科技创新的主要载体，不是彼此孤立的，一篇论文一般会借鉴并引用多篇参考文献，并可能被其他文献所引用，从而体现科学发展的继承性与变异性。②③④ 因此，科

---

①　Cronon B. The need for a theory of citing[J]. Journal of Documentation, 1981, 37(1)：16-24.

②　Huang Y, Bu Y, Ding Y, et al. Exploring direct citations between citing publications[J]. Journal of Information Science, 2021, 47(5)：615-626.

③　Xu J, Bu Y, Ding Y, et al. Understanding the formation of interdisciplinary research from the perspective of keyword evolution：a case study on joint attention[J]. Scientometrics, 2018, 117(2)：973-995.

④　王立梅. 基于引文内容分析的老子思想域外学术知识扩散趋势研究——以 WOS 论文为例[D]. 华东师范大学, 2020.

学引文结构及其内在机制是情报学与科学学领域一项重要的研究课题，通过对科学文献引文脉络与引文规律的持续探索，能够为科学评价、科研管理和科学信息服务提供决策支持。另一方面，科学文献的引用结构是科学知识长期形成的、固有的客观存在，[①] 其不仅可以反映知识、文献、学科等的内在机制，还可以反映科学家在科研活动中的行为规律与现象。随着当前信息技术的进步、知识体系的爆炸性发展，研究科学文献之间的引用机制、探索科学家的引用行为，对应对全球挑战、加速科技进步、提高研究活动与研究文献质量极为重要。[②]

　　本书将从文献引用行为角度，对参考文献引用过程中转引这一不规范引用行为进行研究，并通过这一行为表现出的引用结构——科学文献三角引用结构，对间接三角引用机制及其行为进行解析、识别、影响因素分析、应用等研究。

（1）作者转引行为的存在

　　参考文献的正确、合理、充分引用在学术传播和科学发展过程中发挥着不可测量的重要作用和广泛影响。[③④] 然而，相比于学术界存在的研究方法剽窃、实验数据造假等学术不端行为，参考文献的不规范引用问题并未涉及科学论文的正文内容，从表面看并不会产生严重的风险，科学界整体还未足够意识到不规范引用问题的重要程度与危害性。因此，参考文献的不当引用现象逐渐演化成学术

---

①　逯万辉，谭宗颖. 基于深度学习的期刊分群与科学知识结构测度方法研究[J]. 情报学报，2020，39（1）：38-46.

②　赵红洲. 论科学结构[J]. 中州学刊，1981（3）：59-65，133.

③　Chen C M, Hicks D. Tracing knowledge diffusion[J]. Scientometrics, 2004, 59(2): 199-211.

④　Huang Y, Bu Y, Ding Y, et al. Exploring direct citations between citing publications[J]. Journal of Information Science, 2021, 47(5): 615-626.

界一项长期、复杂且相对隐蔽的问题。①②③ 在早期的引文研究与期刊编辑工作中，转引问题便被发现并指出，"转引"是指施引文献作者在没有阅读引文原文内容的前提下，从其他引用了该篇引文的文献中复制该引文内容与题录信息的现象。④⑤⑥⑦⑧⑨⑩

近年来，科研产出效率逐步加快，研究文献的总量也随之大幅增加。根据联合国教科文组织的有关统计，自 20 世纪 60 年代以来，科学知识以每年提高 10% 的速度发展。截至 21 世纪 20 年代初，全球每年发行的科技期刊超过 10 万种、发表的科学论文高达500 多万篇、出版的图书近 60 万种。⑪ 但是，人脑作为天然的信息

① Todd P A, Ladle R J. Hidden dangers of a 'citation culture' [J]. Ethics in Science and Environmental Politics, 2008, 8(1): 13-16.

② Wilks S E, Geiger J R, Bates S M, et al. Reference accuracy among research articles published in research on social work practice [J]. Research on Social Work Practice, 2017, 27(7): 813-817.

③ Browne R F J, Logan P M, Lee M J, et al. The accuracy of references in manuscripts submitted for publication [J]. Canadian Association of Radiologists Journal, 2004, 55(3): 170-173.

④ Haupt R L. Citations referenced but not read [J]. IEEE Antennas and Propagation Magazine, 2004, 46(3): 116-116.

⑤ Stordal B. Citations, citations everywhere but did anyone read the paper? [J]. Colloids and Surfaces B-biointerfaces, 2009, 72(2): 312.

⑥ Wetterer J K. Quotation error, citation copying, and ant extinctions in Madeira[J]. Scientometrics, 2006, 67(3): 351-372.

⑦ Liang L M, Zhong Z, Rousseau R. Scientists' referencing (mis)behavior revealed by the dissemination network of referencing errors [J]. Scientometrics, 2014, 101(3): 1973-1986.

⑧ 刘雪立, 刘国伟, 王小华. 科技期刊中参照引文的危害及其对策[J]. 中国科技期刊研究, 1995, 6(2): 57-58.

⑨ 陈林华. 间接引用参考文献的危害性[J]. 苏州丝绸工学院学报, 1998(4): 119-120, 123.

⑩ 王伟. 信息计量学及其医学应用[M]. 北京: 人民卫生出版社, 2009.

⑪ 楼慧心. 马太效应与大科技研究[J]. 自然辩证法研究, 2003(7): 69-72.

处理器，其阅读速度和知识记忆能力都是有限的，统计显示若一位科学家夜以继日地进行阅读，也只能读完其本专业出版物的5%。因此，较高的知识更替速度和文献总量给学者在科学研究中的文献调研工作增加了难度，为引用而引用的参考文献转引等不规范引用行为与现象变得普遍。2002年12月，*Nature*杂志通过对文献中的引文错误开展调查，曾披露转引这一事实，① 发现许多发生引文错误行为的作者并没有亲自阅读他们所引用的参考文献，引文著录中的异常错误非常普遍。由此他们推测，虚假引用的激增是由于作者在写作时转引了另一篇论文的参考文献目录。作者在没有查阅参考文献原文的情况下机械地抄袭与记录，不仅容易出现引用格式错误，还会导致断章取义，降低研究论文的可读性与严谨性。② 因此，科学界的这种不规范引用行为值得关注。

（2）科学文献三角引用机制的提出

20世纪60年代，随着科学引文索引的建立和国际参考文献格式的逐步规范，引文分析方法应运而生，并成为现代科学计量学的重要理论基石和度量工具。③④⑤ 目前，科学文献之间的引用关系

① 佚名. 论文引用有"泡沫"[J]. 岩石力学与工程学报，2003（4）：520.

② Rivkin A. Manuscript referencing errors and their impact on shaping current evidence[J]. American Journal of Pharmaceutical education，2020，84（7）：877-880.

③ Lyu Y S, Yin M Q, Xi F J, et al. Progress and knowledge transfer from science to technology in the research frontier of CRISPR based on the LDA model [J]. Journal of Data and Information Science，2022，7（1）：1-19.

④ 宋丽萍，王建芳，付婕，苑珊珊. 以共引网络识别研究领域的引文评价方法有效性分析[J]. 图书情报工作，2021，65（23）：100-105.

⑤ Zhang R H, Yuan J P. Enhanced author bibliographic coupling analysis using semantic and syntactic citation information[J]. Scientometrics，2022，Early Access. 10. 1007/s11192-022-04333-6.

包含三种形式：直接引用、共被引、文献耦合。①② 文献共被引与文献耦合都能将无直接引用关系的文献客观联系起来，揭示一组文献间错综复杂的结构关系和紧密程度，并被广泛应用于研究前沿探测、信息检索、知识结构分析等领域。③④⑤ 相比于前两者，直接引用则是最为简单、直接的引用关系，其应用于研究前沿探测的时间相对较晚。以上三种引用关系分别从不同的角度揭示文献关系和引用特征，适用于不同的研究对象或研究目标。

继 1963 年与 1973 年文献耦合、共被引关系分别被提出后，本书提出了另外一种多元的文献引用关系——三角引用，见图 1-1。科学文献三角引用的定义如下：文献 A 与文献 B 之间存在引用关系，文献 C 又同时引用文献 A 与文献 B，那么科学文献 A、B、C 三者之间就建立了三角引用关系。根据三方文献在时间轴的分布位置、在施引行为上的主体方与客体方以及知识传递的方向，文献 A 为"原始文献"，文献 B 为"中间文献"，文献 C 为"追随文献"。

转引行为在文献引用关系上表现为三方文献间的三角引用结构，即文献 B 与文献 A 存在引用关系，文献 C 通过中间文献 B 对文献 A 施加间接引用。其中，C→A 的这种转引行为不仅违背了科学论文中参考文献引用的基本要求，还因转引作者缺乏对原始文献全面、系统的理解，而降低论文本身的表达流畅度与科学性。另一

---

① Small H G. Co-citation in the scientific literature: a new measure of the relationship between two documents [J]. Journal of the American Society for Information Science, 1973, 24(4): 265-269.

② Kessler M M. Bibliographic coupling between scientific papers [J]. American Documentation, 1963, 14(1): 10-25.

③ Chen C M, Hicks D. Tracing knowledge diffusion [J]. Scientometrics, 2004, 59(2): 199-211.

④ Shen H W, Barabasi A L. Collective credit allocation in science [J]. Proceedings of the National Academy of Sciences, 2014, 111(34): 12325-12330.

⑤ Yoon J W, Chung E. An identification of the image retrieval domain from the perspective of library and information science with author co-citation and author bibliographic coupling analyses [J]. Journal of the Korean Library and Information Science Society, 2015, 49(4): 99-124.

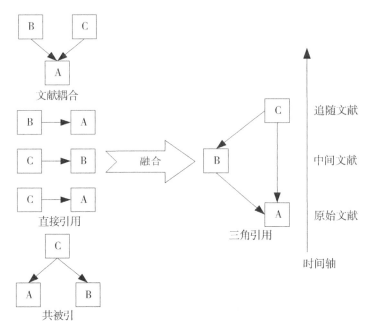

图 1-1　科学文献三角引用结构解析图

方面，通过转引行为产生的虚假引用，导致文献 A 被引频次表面虚高，而实际上这些被引则多来自中间文献的间接影响力。因此，转引行为掩盖了被引文献的真实价值，造成引文分析的开展建立在虚假的数据资料基础之上，从而影响期刊评价、论文影响力评价、人才评估等文献情报工作的正常开展。综上，有必要对三角引用结构中的间接引用机制与引用行为展开深入探索、研究。

　　"引用机制"是指引用结构内部各方文献的功能及相互之间的关系和运行方式。本书将通过全文本引文内容分析的理论与方法，揭示三角引用结构中三方文献的角色功能、三方引用之间的关系及运行方式，从而发现三角引用机制的本质和生成因素。另一方面，本书将运用文本挖掘技术、引文内容相似度计算等方法，识别、分析科学界复杂的、且相对隐蔽的不规范引用行为、引用动机，为不合理的引文评价体系优化、不规范的引用行为治理提供解决途径。

1.1.2　研究问题

作为一项新的文献引用概念，最首要的问题是确定其在引文网络中的存在与覆盖范围，才能保证"三角引用结构"相关研究的可行性与意义。因此，本书的第一个研究问题是：

Q1：三角引用关系在引文网络中的覆盖率是多少？从文献题录信息角度，三角引用结构中的文献与引用关系具有怎样的特性？

文献的引用关系与引用机制具有高度复杂性，一篇论文引用参考文献的目的、动机各不相同，不同论文引用同一篇参考文献的动机也是各不相同的。仅仅通过题录信息分析，容易忽略文献间在研究内容上的关联性和内在机理。因此，引文内容分析是揭示三角引用形成机制的必要手段，本书的第二项研究问题是：

Q2：从引文内容分析角度，三角引用结构内三方文献、三方引用关系具有怎样特殊的引用机制？

在三角引用结构中，原始文献 A 与追随文献 C 之间存在一种"间接引用机制"，这种引用机制具有高度隐蔽性与复杂性，且影响了引文分析、引文评价工作的准确度与科学性。有必要对这一间接引用机制与引用行为予以识别，并分析导致该行为发生的影响因素与危害性，为不合理的引文评价体系优化、不规范的引用行为治理提供解决途径。因此，本书的第三项研究问题是：

Q3：如何通过文献来源信息有效识别间接三角引用机制引起的不规范引用行为？导致该行为的影响因素有哪些？这些行为对科学工作产生怎样的负面影响？

文献间隐性的间接三角引用机制，导致科学论文被引频次的两极分化十分严重，大量的被引集中在少数论文上。有必要测度发生引用过程中文献真实的学术影响力与内在价值，过滤科学文献中由间接引用机制产生的虚假引用泡沫，提高引文评价指标的学术价值甄别能力。因此，本书的第四项研究问题是：

Q4：在间接三角引用机制中，文献间的影响力是如何传播的？基于间接影响力传播过程，如何评价和反映一篇科学文献的真实影响力？

综上，本书的研究思路如下：

首先，构建科学文献三角引用的概念模型，基于大规模的文献数据测度其覆盖范围、分析其文献特征。其次，运用全文本引文内容分析法，测度三角引用结构内三方文献的角色功能和三方引用关系的特征，并总结其中的引用机制。从间接三角引用机制视角，结合文本挖掘技术，探索不规范引用行为的识别手段、影响因素及其危害性。最后，根据三角引用机制中文献影响力的传播机制，构建科学文献被引过滤模型与被引计数模型，并从政策治理视角，基于不规范引用行为提出治理措施与规范建议。

1.1.3　研究意义

本书以科学文献三角引用结构为视角，结合全文本引文内容分析方法，揭示科学文献三角引用结构的内在机制、间接三角引用行为的引用情境，发现了多元化的文献引用机制与作者引用行为。同时，基于间接三角引用机制构建科学文献影响力评价模型，尝试将科学文献三角引用机制与理论研究应用到科学评价、引用行为治理等文献情报服务的重要场景中。因此，本书具有重要的理论意义与实践意义。理论意义如下：

①科学文献三角引用作为一项特殊的引用概念和机制，能够从多元化的角度揭示文献的引用特点与机理、解释学者的引用行为与引用偏好等，对补充、完善引文分析方法和科学评价理论具有较好的指导作用。

直接引用、共被引与耦合分析对信息科学领域本身及其外部领域都发挥了广泛的、不可测量的重要影响，并分别从不同的角度、不同的机理揭示了文献关系和引用特征，在聚类分析、研究前沿探测等应用中展现出不同的效能。本书区别于现有的引用关系应用研究，提出融合以上三种文献引用关系的三角引用结构。一方面，通过三角引用这一综合体，能够平衡不同引用关系的优缺点，进一步形成一种多元化的引用结构，产生"1+1+1>3"的效果。另一方面，作为一项具有特殊间接引用机制的引用结构，三角引用关系能够用于解释科学文献间特殊的引用偏好、引用行为。

②本书从全文本引文内容分析角度，对比在同一个三角引用结构中三条引用关系的引文内容特征，弥补了"多元引用关系+引文内容分析"这一相关领域的空白，为该领域的研究提供了新方法、新思路。

目前，全文本引文内容分析的相关研究多集中在引用—被引这样简单的一元引用关系中，①②③而本书在总结现有研究基础上，系统构建一套多元引用关系结合引文内容分析的研究框架。该框架不仅适用于三角引用关系的引文内容分析实验，同样也可应用于其他多元引用关系的引文内容分析中，如文献耦合、共被引等，使得传统文献计量学的研究理论与新的研究方法紧密结合，在全文本内容挖掘时代下迸发出新的生命力。同时，多元引用关系与全文本引文内容分析的结合，可帮助研究者将视角更多地转移到科学论文正文的研究中，加深科学计量学的研究深度，同时也使引文分析中引用动机、引用行为的相关研究方法与研究角度更加多样化。

实践意义如下：

①本书在三角引用结构中结合全文本内容分析，发现了科学引用中的两种不规范引用问题——间接三角引用行为与隐形三角引用行为，为科学论文写作者在如何进行引用问题上提供有益借鉴，同时也为不规范、不正当引用问题的技术检测与有效治理提供指导。

参考文献的正确、合理、充分引用在学术传播和发展过程中发挥着不可测量的重要作用和巨大影响。然而，文献的不当引用是一个长期、复杂且相对隐蔽的现象，目前在科学文献引用规范问题上

①　章成志，丁睿祎，王玉琢．基于学术论文全文内容的算法使用行为及其影响力研究［J］．情报学报，2018，37(12)：1175-1187.

②　叶光辉，彭泽，毕崇武，徐彤．引文内容视角下的引文网络知识流动特征研究［J］．情报理论与实践，2020，43(12)：4-10.

③　Zhang C Z, Liu L F, Wang Y Z. Characterizing references from different disciplines：a perspective of citation content analysis［J］. Journal of Informetrics，2021，15(2)：101134.

学者们已进行了大量相关研究，但鲜有人关注引用的形成机制与偏好及其对学术论文价值造成的负面影响。① 首先，本书通过大规模的文献数据对间接引用机制形成的不规范引用行为进行有效识别，并尝试结合相关文献特征，挖掘这些不合理引用行为背后的影响因素与引用情境，能够为编辑部、期刊管理部门识别、治理科学引用失范问题提供技术指导。其次，通过揭示广泛、隐性、长期存在的不当引用行为及其危害，能够为学者在科学论文写作与引用中提供警示。最后，从道德与行业法规两方面双向出击，提出针对不规范引用行为的治理措施与规范建议，能够为我国后续科技政策的制定与完善提供重点方向和指导。

②本书将引用内容与引用频次相结合，基于三角引用机制中的间接影响力，构建科学文献的被引泡沫过滤模型和被引频次计数模型，能够在一定程度上缓解马太效应对科学评价的负面影响，可应用于团队评估、文献影响力评价、人才评价等具体的文献情报工作。

引文分析自作为学术评价工具以来，一直受到学术界的质疑和批判。一些不正当引用行为、引文著录不规范、被引次数统计问题等均影响了引文数据的科学性与准确性，进而降低了引文分析工作的真实度与权威性。②③④ 一方面，本书通过技术手段提前识别、并排除引文相似度较高的不正当引用，以增强引文分析的可靠性，为不当引用识别与引用规范治理提供一个特殊的研究视角和思路。另一方面，在引文评价中适当考虑间接影响力的权重，将打破科学

① 杨彧．学术论文参考文献引用不当造成的后果及防范[J]．新闻前哨，2019(1)：75-76.

② 刘宇，李武．引文评价合法性研究——基于引文功能和引用动机研究的综合考察[J]．南京大学学报(哲学·人文科学·社会科学版)，2013，50(6)：137-148，157.

③ 刘宇，张永娟，齐林峰，回胜男．知识启迪与权威尊崇：基于重复发表的引文动机研究[J]．图书馆论坛，2018，38(4)：49-57.

④ 付国乐，张志强．中国科技期刊国际化发展“一体三维”评价体系构建[J]．中国科技期刊研究，2021，32(2)：180-188.

计量评价的理想化前提，即引文频次高低等同于学术质量或影响力的高低，从而更准确地、细粒度地评价科学文献的真实影响力和学术价值，并应用在团队评估、文献影响力评价、人才评价等相关文献情报领域。

1.2 国内外研究现状

对国内外"文献引用"研究领域相关文献进行系统检索与梳理，归纳文献引用的主要研究方向，包括文献引用关系、文献引用机制、全文本引文分析、文献引用动机四个方面。

1.2.1 文献引用关系相关研究

目前，文献的引用关系主要有三种形式：直接引用、共被引与文献耦合，与之对应的引文分析方法包括直接引用分析、共被引分析、文献耦合分析。已有研究多利用其中一种或两种方法来研究文献或学科间的知识传递，并应用于主题聚类、文献检索、学科结构划分等领域，此外还有学者对三种不同引文分析法的利弊进行对比研究。

(1) 三种引用关系的应用研究

在引用关系的应用研究中，Boyack 等认为，以上三种引用关系都可以用来研究某个领域的研究前沿。① Small 和 Griffith 提出使用共被引分析来描述一个活跃的研究领域，即通过共被引关系在引文网络中聚合一些高被引文献。两两文献之间的共被引强度越高，

---

① Boyack K W, Klavans R. Co-citation analysis, bibliographic coupling, and direct citation: which citation approach represents the research front most accurately? [J]. American Society for Information Science and Technology, 2010, 61(12): 2389-2404.

其主题相似度与内容相似度就越高，通过文献间的共被引相似性，可以建立学科领域的结构地图，并观察其发展变化的趋势。① Braam 等则将共词分析与共被引聚类结合在一起，利用共被引集群之间的相似性研究某一学科领域在发展过程中的连续性和稳定性，从认知角度增强了对该学科领域的界定和理解。② Persson 提出施引文献形成研究前沿，被引文献则形成知识基础的思想，他在基于共被引聚类分析得到的知识基础上，利用文献耦合分析来确定研究前沿。③ 直接引用作为一种单一的、相对简单的引用关系，在进行研究前沿探测应用中被开发得比较晚，直到 2004 年，Garfield 开始采用直接引文分析法对科学领域的历史演化进行探索研究。④

（2）三种引用分析方法的对比研究

除应用研究外，还有学者对三种引用关系及其对应的分析方法进行了比较研究。对不同方法的比较研究，既有利于发现不同引文分析法的优缺点，便于研究者选择更合适的研究方法；又能充分认识现有的引文分析方法，并不断对其优化、完善。其中，文献耦合和文献共被引在概念上是严格对偶的。文献耦合将具有相同参考文献的两两文献联系起来，而共被引则将具有相同施引文献的两两文献联系起来。从时间维度来看，文献耦合分析是基于固定参考文献的静态过程，一旦确定了文献之间的耦合关系，就不会再发生改变。相比之下，共被引分析是动态的，每当一个新文献被添加到引

---

① Small H G, Griffith B C. The structure of scientific literature I: identifying and graphing specialties[J]. Social Studies of Science, 1974(4): 17-40.

② Braam R R, Moed H F, Van Raan A F J. Mapping of science by combined co-citation and word analysis. Structural aspects [J]. Journal of the American Society for Information Science, 1991, 42(4): 233-251.

③ Persson O. The intellectual base and research fronts of JASIS 1986-1990 [J]. Journal of the Association for Information Science and Technology, 1994, 45(1): 31-38.

④ Garfield E. Historiographic mapping of knowledge domains literature[J]. Journal of Information Science, 2004, 30(2): 119-145.

文网络中，该共被引关系都需要重新组合和调整。

Jarneving 对文献共被引分析与文献耦合分析在研究前沿探测中的应用进行了比较，发现两个方法得到了完全不同的聚类结果，他认为需要进一步对这两种分析方法进行更为详细和定性的比较研究。① Small 在提出共被引分析方法时认为，既然文献之间的耦合频次是确定了的，那么文献耦合就不能反映知识随时间的变化趋势，也不能很好地用来研究学科知识的发展历程、演化趋势等。② 然而，也有学者认为耦合分析方法的性能相对更强，例如Weinberg、Egghe 和 Rousseau 认为文献耦合比共被引能更好地、更直接地体现当前的研究活力，而不是经由对这些研究活力产生影响的文献(即施引文献集合)去间接解释；③④ Newman 也指出强共被引关系只局限于高被引文献之间，而文献耦合是文献之间相似性更为均衡、普遍的指标。⑤ 此外，Shibata 等对文献直接引用网络、耦合网络和共被引网络的研究前沿探测效果进行测试，并基于网络可见性、速度和聚类相关性三项网络评估指标对物理学领域展开对比实证研究，发现直接引用网络的探测速度和识别效果最好，而共被引分析的实验效果最差。⑥

① Jarneving B. A comparison of two bibliometric methods for mapping of the research front[J]. Scientometrics, 2005, 65(2): 245-263.

② Small H G. Co-citation in the scientific literature: a new measure of the relationship between two documents [J]. Journal of the American Society for Information Science, 1973, 24(4): 265-269.

③ Weinberg B H. Bibliographic coupling: a review[J]. Information Storage and Retrieval, 1974, 10(05-06): 189-196.

④ Egghe L, Rousseau R. Co-citation, bibliographic coupling and a characterization of lattice citation networks [J]. Scientometrics, 2002, 55 (3): 349-361.

⑤ Newman M. Introduction to Network Science [M]. Beijing: Electronic Industry Press, 2014.

⑥ Shibata N, Kajikawa Y, Takeda Y, et al. Comparative study on methods of detecting research fronts using different types of citation [J]. Journal of the American Society for Information Science and Technology, 2010, 60(3): 571-580.

（3）结合文本相似度的聚类模型研究

还有学者结合文本相似度算法与不同的引用关系，建立混合聚类模型。Boyack 和 Klavans 以生物医学领域大量论文的研究前沿聚类为案例，比较了直接引用、共被引、耦合以及基于文献耦合的引用—文本混合这四种方法的聚类精确度，认为文献耦合分析优于共被引分析，混合方法又从多个方面进一步优化了文献耦合的结果，而直接引用是精确度最差的方法。① 韩青和周晓英将文献语义特征与共被引特征引入文献相似度计算过程，提出了一种能够优化文献相似度计算的混合模型，通过实证研究发现该模型能够改善文献相似度计算的整体性能。② Janssens 等则是基于文献内容特征与文献耦合关系得到文献相似矩阵融合方法，并通过运用该方法进行文献聚类，揭示生物信息学领域的知识结构和动态进展。③ 郭红梅等选择了比较常用的文本内容相似性和引用关系相似性计算方法——PMRA 和文献耦合关系，进行文献聚类实验，发现文献耦合关系和内容相似性关系在主题聚类中产生互补效果，并且基于混合关系的聚类效果整体上优于单一关系。④ 高楠等还基于原始观测值和余弦距离两种相似度算法建立了专利相似度矩阵，并利用社会网络分析得到专利领域的研究前沿，两种算法的实验结果对比发现：余弦距

---

① Boyack K W, Klavans R. Co-citation analysis, bibliographic coupling, and direct citation: which citation approach represents the research front most accurately? [J]. American Society for Information Science and Technology, 2010, 61(12): 2389-2404.

② 韩青，周晓英. 基于文献共被引特征的文献相似度计算优化研究[J]. 情报学报，2018，37(9)：905-911.

③ Janssens F A, Glanzel W, Demoor B. Dynamic hybrid clustering of bioinformatics by incorporating text mining and citation analysis[C]//Proceedings of the 13th ACM SIGKDD International Conference on Knowledge Discovery and Data Mining, 2007: 360-369.

④ 郭红梅，沈哲思，曾建勋. 基于文献引证及其内容相似度的主题混合聚类方法研究[J]. 情报理论与实践，2020，43(9)：165-170.

离相似度能识别出数量更多、更全面的研究前沿。① 另外，Glanzel 和 Thijs 还结合时间特征，利用不同时期文献之间的交叉引用关系来检测新的、异常增长的聚类群体，并应用于发现重要文献和新兴主题。② Yu 等对上述 Glanzel 的研究扩展，提出了同时包含引文相似度与内容相似度的混合优化聚类模型，该模型不仅考虑了耦合和共被引关系相似度，还利用余弦相似度计算文本的拓扑特征，他们利用该算法对数据包络分析领域进行聚类分析和新兴研究主题探测，得到了合理、有效的聚类结果。③

（4）文献引用概念的延伸

此外，文献共被引与文献耦合还延伸出了作者共被引、作者耦合、期刊共被引、期刊耦合等科学计量概念与方法。例如：高瑾通过对数字人文领域的作者进行共被引分析，得出该领域内学者的聚类图像，并探讨了该领域的研究主题演化方向、研究结构、学者聚类特点等。④ Zhao 和 Strotmann 以情报学领域为例，证明了作者耦合分析可以提供一个学科当前研究活力的状况，如果将作者耦合分析与作者共被引分析结合起来，则可以更好地描绘一个研究领域的结构全貌与演化路径。⑤ 陶颖等认为，期刊共被引分析从学科关系和专业内容两个方面反映了期刊之间的关系，发生频繁共被引的期

① 高楠，傅俊英，赵蕴华. 基于两种相似度矩阵的专利引文耦合方法识别研究前沿——以脑机接口为例[J]. 现代图书情报技术，2016(3)：33-40.

② Glanzel W, Thijs B. Using core documents for detecting and labelling new emerging topics[J]. Scientometrics, 2012, 91(2): 399-416.

③ Yu D, Wang W, Shuai Z, et al. Hybrid self-optimized clustering model based on citation links and textual features to detect research topics[J]. PLOS ONE, 2017, 12(10): e0187164.

④ 高瑾. 数字人文学科结构研究的回顾与探索[J]. 图书馆论坛，2017，37(1)：1-9.

⑤ Zhao D Z, Strotmann A. Evolution of research activities and intellectual influences in information science 1996-2005: introducing author bibliographic-coupling analysis[J]. Journal of the American Society for Information Science and Technology, 2008, 59(13): 2070-2086.

刊往往具有相同的学科属性，而同一学科中发生频繁共被引的期刊通常具有相同或相似的专业属性。① 梁玉丹等则是利用期刊共被引结合文献共被引、作者共被引分析，来描绘针灸学科的知识结构地图。②

综上，利用直接引用、共被引和文献耦合等引文分析技术确定研究前沿、绘制科学共同体结构图，已成为科学计量学领域的一个重要研究方向。③ 它不仅可以为各个领域的学者提供重要的学科发展趋势，帮助他们更好地融入主流研究领域，还可以为制定科学技术政策提供工具，如设立科学技术奖励、支持关键发展方向等。

1.2.2　文献引用机制相关研究

(1)文献外部引用机制研究

部分学者从语言、国家、期刊影响因子、学科主题、文献类型等角度对文献引用的外部特征与机制进行分析，以挖掘文献影响力的影响因素。例如，Bookstein 和 Yitzhaki 为测度语言对文献被引的影响，提出了一个母语偏好指数，用于分析在同一语言的学者群体间是否存在引用行为的特殊倾向。④ 唐莉等探讨了我国科学文献被引频次激增背后的"俱乐部效应"，通过与美国同类论文对比，发现高影响力的中国论文会有较高的内部引用率。⑤ Tol 对 100 位高

---

①　陶颖，周莉，宋艳辉. 知识域可视化中的共被引与耦合研究综述[J]. 图书情报工作，2017，61(11)：140-148.

②　梁玉丹，王小寅，罗海丽，等. CiteSpace 应用对 Web of Science 近 5 年针灸相关文献的计量学及可视化分析[J]. 中华中医药杂志，2017，32(5)：2163-2168.

③　葛菲，谭宗颖. 基于文献计量学的科学结构及其演化的研究方法述评[J]. 情报杂志，2012，31(12)：34-39，50.

④　Bookstein A，Yitzhaki M. Own-language preference：a new measure of 'relative language self-citation'[J]. Scientometrics，1990，46(2)：337-348.

⑤　唐莉，Philip S，Jan Y. 中国科研成果的引用增长是否存在"俱乐部效应"？[J]. 财经研究，2016，42(10)：94-107.

产经济学家的引文分析发现，马太效应在作者和论文两个层面均产生显著影响，由知名作者发表的知名论文被引用次数最多，呈现出明显的规模报酬递增效应。① Ren 和 Rousseau 从被引角度讨论了中文期刊的国际化和知名度，发现中国学术期刊呈现出"本土化"现象，国家内部的互引比例较高。② Biglu 研究了 SCI 论文中参考文献数量对期刊影响因子的影响，发现期刊影响因子与参考文献总数之间呈显著正相关，即学者倾向于选择高影响因子的期刊施加引用。③ Alfredo 等分析了参考文献的学科丰富性、平衡性和差异性对文献被引的影响，发现学科丰富度与被引之间存在正相关关系。④ 徐书荣和潘静以 31 种地质学类期刊为研究对象，分析了该学科期刊论文的参考文献特征，发现引用对象以时效性较强的期刊文献为主，而专著和标准类文献的引用较少。⑤ 李樵还从主题与学科角度对 1978—2018 年中国图书情报学的知识输出进行多维分析和时序分析，发现图书情报学知识已输出至多元的学科和主题，知识传播的焦点主题具有时代特征，学科知识的外部影响力也在不断提升。⑥ 在文献类型方面，Goodrum 等对计算机领域的网络文献和传统纸质文献进行了引文分析和比较，发现可用网络文献中会议论文的被引所占比例最高、图书所占比例最少，同时该学科更倾向于引

---

① Tol R S J. The Matthew effect defined and tested for the 100 most prolific economists［J］. Journal of the American Society for Information Science and Technology，2009，60(2)：420-426.

② Ren S，Rousseau R. International visibility of Chinese scientific journals. Scientometrics，2002，53(3)：389-405.

③ Biglu M H. The influence of references per paper in the SCI to impact factors and the Matthew effect［J］. Scientometrics，2008，74(3)：1008-1020.

④ Alfredo Y，Ismael R，Pablo D. Does interdisciplinary research lead to higher citation impact? The different effect of proximal and distal interdisciplinarity ［J］. PLOS One，2015，10(8)：e0135095.

⑤ 徐书荣，潘静. 中国地质学类期刊文后参考文献的引用特征［J］. 中国科技期刊研究，2015，26(2)：162-167.

⑥ 李樵. 外部引用视角下的中国图书情报学知识影响力研究［J］. 中国图书馆学报，2019，45(6)：65-83.

用图书和期刊论文。① Vaughan 和 Shaw 调查了生物学、遗传学、医学和跨学科领域期刊的网络参考文献引用及其跨学科差异，发现引用网络文献越多的期刊取得了更高的学术影响力。② Norris 等还比较了多个学科 4633 篇开放获取期刊论文和订购型期刊论文的引用情况，发现开放获取论文的平均被引次数为 9.07 次、订购型论文的平均被引次数为 5.76 次，以此发现开放获取期刊论文比订购型论文更具有被引优势。③

（2）综合多角度的文献影响力机制研究

此外，还有学者综合多个角度对文献影响力机制进行分析。卢文辉和李战从引文特征角度对零被引和高被引硕士学位论文展开研究，发现两者在参考文献数量、语种、文献类型上存在较大差异，因此提倡硕士研究生应科学地引用文献、规范地著录引文。④ 段庆锋和潘小换利用指数随机图模型，揭示文献特征对引用关系的影响机制，发现引用关系更倾向于嵌入三角传递结构，倾向于相同机构和相同期刊来源的文献，倾向具有学科优势国家的文献。⑤ 龚凯乐等从语种、文献类型、来源期刊、学科领域、学术质量、时效性角度对中文期刊论文引用外文文献的情况进行多维分析，发现了五种

---

① Goodrum A A, Mccain K W, Lawrence S, et al. Scholarly publishing in the Internet age: a citation analysis of computer science literature[J]. Information Processing & Management, 2001, 37(5): 661-675.

② Vaughan L Q, Shaw D. Web citation data for impact assessment: a comparison of four science disciplines[J]. Journal of the American Society for Information Science and Technology, 2005, 56(10): 1075-1087.

③ Norris M, Oppenheim C, Charles F R. The citation advantage of open-access articles[J]. Journal of the American Society for Information Science and Technology, 2008, 59(12): 1963-1972.

④ 卢文辉, 李战. 零被引与高被引图书馆学硕士学位论文引文特征的比较分析[J]. 图书馆杂志, 2020, 39(1): 76-84, 38.

⑤ 段庆锋, 潘小换. 文献相似性对科学引用偏好的影响实证研究[J]. 图书情报工作, 2018, 62(4): 97-106.

各具特点的中国学者引文国际化模式。① 钱绮琪等选取第四届与第五届高等学校科学研究优秀成果奖共 239 篇获奖论文及 7006 条引用文献作为样本,分别从引用文献数量、类型、语种及时间等多维度进行引文特征分析,发现高质量论文的参考文献数量偏高、人文学科与社会学科具有不同的引用偏好等现象。② 徐璐等从输出强度、时效性、跨科学性三个维度分析了跨学科引用对跨学科知识输出的影响,发现跨学科引用有助于拓宽知识输出的学科范围,并提高本学科在其他学科的影响力。③ 张瑞还以图书情报领域 14 本期刊的引文数据作为研究对象,从学科类别、时滞性、机构知识点、主题等多个角度开展该学科的知识流入研究,全面反映了图书情报学领域跨学科知识的需求情况,以及学科交叉融合的发展历程。④ 另外,王志红还以我国图书情报学领域期刊论文作为数据来源,从引用在线百科资源的论文数量及其时间分布、主题分布、期刊分布、机构分布、作者分布、文献类型等多个角度探析图书情报研究领域的期刊论文对在线百科资源的引用特征与规律。⑤

(3) 基于引用机制的科学影响力评价研究

除此之外,学者们还基于引用在不同角度表现出的特征与机制,展开科学评价研究。例如:Ye 和 Leydesdorff 将引文偏态分布

---

① 龚凯乐,谢娟,成颖,等. 期刊论文引文国际化研究——以图书情报与档案管理学科为例[J]. 情报学报,2018,37(2):151-160.

② 钱绮琪,吴钢,司莉. 高品质论文的引用特征分析——以"高等学校科学研究优秀成果奖(人文社会科学)"为例[J]. 信息资源管理学报,2012,2(2):85-90.

③ 徐璐,李长玲,荣国阳. 期刊的跨学科引用对跨学科知识输出的影响研究——以图书情报领域为例[J]. 情报杂志,2021,40(7):182-188.

④ 张瑞. 我国图书情报学跨学科知识流入特征研究[J]. 情报杂志,2019,38(8):195-201.

⑤ 王志红. 我国图情领域期刊论文在线百科的利用特征探析[J]. 图书情报工作,2016,60(19):99-107.

指标 I3 与 h 指数结合，提出了一个新的科学评价指标——学术迹，该指标实现了定量、多维度的学术影响力评价目标。[①] Sidiropoulos 等引入天际线算法来解决多维引用指标排序问题，该算法集成了多维引文指标，同时解决了人为主观分配权重的问题，能够识别出优秀的科学家。[②] 刘运梅等继承 p 指数思想，提出基于引证文献质量的科学评价指标 p_q 指数、基于参考文献和引证文献质量的综合评价指标 p_c 指数，以综合评价单篇论文的学术影响力。[③] Chao 等基于市场营销学领域 Bass 扩散模型量化引文扩散机制，提出了"saturation level"指标，以粗略估计一篇文献在生命周期当前阶段及未来的被引用潜力。[④] 此外，王菲菲等在互引、共被引、耦合三维引文关联融合视角下，综合使用社会网络分析、主成分分析、熵权法和天际线算法，形成了引文关联网络指标，并与被引频次、h 指数等定量指标融合，建立了学者影响力评价框架。[⑤] 李力等以作者引用情况和合作情况为基础，从知识输入、知识输出、知识流动三个维度构建科技论文的影响力评价框架。[⑥] Su 等融合期刊影响因子、论文发表时间、所属机构、作者权威度、学科差异等因素，

① Ye F Y, Leydesdorff L. The 'academic trace' of the performance matrix: a mathematical synthesis of the h-index and the integrated impact indicator(I3)[J]. Journal of the American Society for Information Science and Technology, 2014, 65(4): 742-750.

② Sidiropoulos A, Gogoglou A, Katsaros D, et al. Gazing at the skyline for star scientists[J]. Journal of Informetrics, 2016, 10(3): 789-813.

③ 刘运梅, 李长玲, 冯志刚, 等. 改进的 p 指数测度单篇论文学术质量的探讨[J]. 图书情报工作, 2017, 61(21): 106-113.

④ Chao M, Ding Y, Li J, et al. Innovation or imitation: the diffusion of citations[J]. Journal of the Association for Information Science and Technology, 2018, 69(10): 1271-1282.

⑤ 王菲菲, 王筱涵, 刘扬. 三维引文关联融合视角下的学者学术影响力评价研究——以基因编辑领域为例[J]. 情报学报, 2018, 37(6): 610-620.

⑥ 李力, 刘德洪, 张灿影. 基于知识流动理论的科技论文学术影响力评价研究[J]. 情报科学, 2016, 34(7): 113-119.

提出一种基于 PageRank 的论文质量评价算法。① 从文本内容角度，杨京等计算论文中研究主题关键词与对应学科领域的研究前沿主题之间的相似度，提出一种科学论文创新性评价模型。② 李贺和杜杏叶还构建了学术论文的研究问题、理论、方法、结论 4 个知识元本体，并基于语义相似度计算方法和相关权重对学术论文 4 个维度的创新性进行评分，该方法为科学论文的内容智能化评价提供理论借鉴。③

1.2.3 全文本引文分析相关研究

引文内容分析是基于论文全文内容进行的引文分析，随着全文数据库的开放和完善，以大规模全文数据为基础的引文内容分析成为当下的研究热点之一。不同学者为引文内容分析提出了研究框架，Small 将引文分析分为两种：引文上下文分析和引文上下文的内容分析。④ Ding 认为引文内容分析是引文分析的下一代发展方向，将其分为两个层面：语法层面（指引文分布在文献中不同章节的位置）和语义层面（指引文具有不同的语义贡献，如重要或不太重要的贡献等）。⑤ 胡志刚从另一个角度，将引文内容分析分为引用位置、引用强度和引用语境三个方面。⑥ 此外，Guo 等构建了引

① Su C, Pan Y T, Ma Z, et al. Prestige rank and peer review for evaluation of scientific papers [J]. Journal of the China Society for Scientific and Technical Information, 2012, 31(2): 180-188.

② 杨京，王芳，白如江. 一种基于研究主题对比的单篇学术论文创新力评价方法 [J]. 图书情报工作, 2018, 62(17): 75-83.

③ 李贺，杜杏叶. 基于知识元的学术论文内容创新性智能化评价研究 [J]. 图书情报工作, 2020, 64(1): 93-104.

④ Small H G. Citation context analysis [J]. Progress in Social Communication Sciences, 1982(3): 287-310.

⑤ Ding Y. Content-based citation analysis: the next generation in citation analysis [EB/OL]. [2022-01-14]. http://www.lis.illinois.edu/events/2012/09/26/content-based-citation-analysis-next-generation-citation-analysis.

⑥ 胡志刚. 全文引文分析方法与应用 [M]. 北京：科学出版社, 2017.

文内容分析的理论框架，全面解析了引文内容分析的必要性、研究范围、方法和工具等一系列概念框架。①

（1）引用强度

在引用强度缘起早期，以 Garfield 为代表的引文分析开拓者就对传统引用频次的可靠性提出质疑，认为单纯使用论文的被引频次进行学术评价具有局限性，还应考虑引文在论文中被提及的次数，② 即引用强度。Herlach 认为引用强度是引文与施引文献间联系的特征之一，如果被引文献在引言或文献综述部分出现，并且在随后的方法和讨论部分也出现，那么这些文献比其他参考文献更具有学术价值和影响。③ Hassanl 等随机选择自然语言处理领域的 465 篇学术论文，对得到的 106509 条引文内容进行分析，指出如果论文多次引用同一篇参考文献，则表明这篇参考文献对该论文很重要。④ 另外，部分学者还从定量的角度对引用强度进行了应用，Ding 等提出了引用强度指标——CountX，即统计引文在论文中的被提及次数，发现 JASIST 期刊中每篇参考文献的篇均 CountX 为 1.6 次。⑤ Hou 等利用引文在文献中的具体被引次数，计算了 75 种

---

① Guo Z, Ding Y, Milojevic S. Citation content analysis（CCA）：a framework for syntactic and semantic analysis of citation content[J]. Journal of the Association for Information Science and Technology, 2013, 64(7): 1490-1503.

② Garfield E. Is citation analysis a legitimate evaluation tool? [J]. Scientometrics, 1979, 1(4): 359-375.

③ Herlach G. Can retrieval of information from citation indexes be simplified-multiple mention of a reference as a characteristic of link between cited and citing article[J]. Journal of the American Society for Information Science, 1978, 29(6): 308-310.

④ Hassanl S, Akram A, Haddawy P. Identifying important citations using contextual information from full text[C]//Proceedings of the 17th ACM/IEEE Joint Conference on Digital Libraries. Toronto, Ontario, Canada, 2017: 41-48.

⑤ Ding Y, Ling X Z, Guo C, et al. The distribution of references across texts: some implications for citation analysis[J]. Journal of Informetrics, 2013, 7(3): 583-592.

期刊的引用强度，发现这种计算方法比传统的影响因子统计方法更为合理。①

（2）引用位置

科学文献通常都有一定的章节结构，引用位置即为引文内容在施引文献组织结构中的位置。对于引文位置的研究，Halevi 和 Moed 将引用位置分为引言、综述、方法、发现、结论、讨论 6 个部分，并对 2007 年 Journal of Informetrics 期刊发表的论文进行研究，发现作者在方法部分引用学科内文献多于学科外文献，而在引言部分恰好相反。② 张梦莹等分析了 PLoS One 期刊 6 个不同学科的引文内容数据，发现引文最集中的位置在引言部分。③ 此外，王剑等还从定量角度研究了引用位置与引用动机的联系，发现两者存在一定相关性，正面引用倾向于出现在结论和方法部分，负面引用倾向于出现在讨论部分。④ Catalini 等基于 Journal of Immunology 期刊中的负面引用进行分析，发现约 84% 的负面引用出现在结果与讨论部分。⑤ Bertin 和 Atanassova 发现在 PLoS 期刊中约有 72% 的负

① Hou W R, Li M, Niu D K. Counting citations in texts rather than reference lists to improve the accuracy of assessing scientific contribution [J]. Bioessays, 2011, 33(10): 724-727.

② Halevi G, Moed H F. The thematic and conceptual flow of disciplinary research: a citation context analysis of the Journal of Informetrics[J]. Journal of the American Society for Information Science and Technology, 2013, 64(9): 1903-1913.

③ 张梦莹, 卢超, 郑茹佳, 等. 用于引文内容分析的标准化数据集构建[J]. 图书馆论坛, 2016, 36(8): 48-53.

④ 王剑, 高峰, 满芮, 等. 基于引用频次和内容分析的引文分布与动机关系研究[J]. 情报杂志, 2013, 32(9): 100-103.

⑤ Catalini C, Lacetera L, Oettl A. The incidence and role of negative citations in science[J]. Proceedings of the National Academy of Sciences, 2015, 112(45): 13823-13826.

面引用发生在讨论部分。① 胡志刚等则从引用顺序角度，对 *Journal of Informetrics* 期刊的 350 篇文献进行研究，发现 50% 的引用出现在文章的前 30% 部分；他们还统计了一篇 Hirsch 的经典文献被引情况，发现 50% 的引用出现在文章的前 10% 部分，因此作者倾向于优先引用相对重要的文献。② 另外，部分学者还从引用位置的角度建立了学术评价指标。例如，Sombatsompop 等认为结果与讨论部分中的引用比引言部分更重要，因此提出了"引用位置影响因子"指标，指引文在施引文献不同位置中出现的次数与施引文献总数的比值，并将这一指标应用于论文质量评价。③ Maricic 等同样也根据引用位置对引文赋以不同的权值，并提出一种引文评价方法。④

另外，一些研究还将引用位置应用于共被引分析，并显示出了较好的效果。赵蓉英等构建了基于位置的共被引分析框架，通过实证研究发现结合引用位置的共被引研究方法明显优于传统共被引分析方法，能够提升共被引聚类的效果。⑤ Elkiss 等通过定量分析发现共被引文献间的相似性与它们被引用位置的距离成正比，例如在同一句子中共被引的文献比在同一章节中共被引的文献具有更大的

---

① Bertin M, Atanassova I. Weak links and strong meaning：the complex phenomenon of negational citations［C］//Proceedings of BIR 2016 Workshop on Bibliometric-enhanced Information Retrieval. Newark, New Jersey, USA, 2016：14-25.

② 胡志刚，陈超美，刘则渊，等 . 从基于引文到基于引用——一种统计引文总被引次数的新方法［J］. 图书情报工作，2013，57(21)：5-10.

③ Sombatsompop N, Kositchaiyong A, Markpin T, et al. Scientific evaluations of citation quality of international research articles in the SCI database：Thailand case study［J］. Scientometrics, 2006, 66(3)：521-535.

④ Maricic S, Spaventi J, Pavicic L, et al. Citation context versus the frequency counts of citation histories［J］. Journal of the Association for Information Science and Technology, 1998, 49(6)：530-540.

⑤ 赵蓉英，曾宪琴，陈必坤 . 全文本引文分析——引文分析的新发展［J］. 图书情报工作，2014，58(9)：129-135.

相似度。① Gipp 和 Beel 根据共被引发生的位置，将共被引关系划分为 5 类：在同一句子、在同一段落、在同一章节、在同一期刊、在同一期刊的不同版本，并赋予不同权重，发现加入位置权重后的共被引检索效率比传统检索提高了 2 倍。② Boyack 等则通过计算两个引用位置之间的字符数，对共被引文献的关系进行赋值，字符数越少，共被引关系的权重越大，实验发现加入引用位置的共被引聚类效果被提高了 30%。③

(3) 引用语境

由于全文本引文分析的数据体量较大，学者们尝试从不同的技术角度建立引用情感自动标注系统。陆伟等为了挖掘文献语义关系，将自然语言处理、机器学习技术引入引文内容分析，提出了一套引文内容标注框架，其中包括引用功能、引用重要性和引用情感倾向三个维度。④ Sula 和 Miller 使用朴素贝叶斯分类器对引用情感进行正负两类的自动分类，并根据分类结果对人文学科的发展特点进行深入分析。⑤ Teufel 等利用内容语义结构与特征词对引用情感分类，具体分为不足、肯定、对比和中立 4 个类别，并提出了一种

---

① Elkiss A, Shen S, Fader A, et al. Blind men and elephants: what do citation summaries tell us about a research article? [J]. Journal of the American Society for Information Science and Technology, 2008, 59(1): 51-62.

② Gipp B, Beel J. Identifying related documents for research paper recommender by CPA and COA [C] //Proceedings of International Conference on Education and Information Technology. Berkeley, 2009: 636-639.

③ Boyack K W, Small H, Klavans R. Improving the accuracy of co-citation clustering using full text [J]. Journal of the American Society for Information Science and Technology, 2013, 64(9): 1759-1767.

④ 陆伟，孟睿，刘兴帮. 面向引用关系的引文内容标注框架研究 [J]. 中国图书馆学报, 2014, 40(6): 93-104.

⑤ Sula C A, Miller M. Citations, contexts, and humanistic discourse: toward automatic extraction and classification [J]. Literary and Linguistic Computing, 2014, 29(3): 452-464.

利用动词线索词的引用内容自动分类方法。① 刘盛博等将引用内容的正面、负面、中性又进一步细分为 6 类，并根据主语和 Teufel 动词线索词的搭配关系对引用内容自动分类，发现在 BMC-Bioinformatrics 期刊中，62.88% 的引用是中性的，正面引用达到了 33.59%，而负面引用只有 3.53%。② 徐琳宏等从施引文献的角度出发，研究了正面引用和中性引用的影响力差别，以及正面引用中具有不同引用原因的论文影响力差别，发现被正面引用的论文影响力明显高于中性引用，且正面引用中应用类型的论文影响力最大。③ 耿树青和杨建林则将引用情感这一因素引入引文评价指标，提出基于被引次数与引用情感的 CS 指标，通过实证检验了该指标的可行性和评价效果。④

引文内容相比被引文献的摘要和全文等，包含更丰富的语义信息，因此，学者们还将其应用于知识演化、主题聚类、信息检索等领域，并取得了较多的成果。陈颖芳和马晓雷以大规模生物灭绝领域的一篇经典文献为例，基于引文内容发现了在各个时期内被引频次发生激增的引用关键词，并在此基础上探讨科学知识的发展演化规律。⑤ 祝清松和冷伏海利用 C-value 算法识别出引文内容中的研究主题，实验发现与基于标题、摘要等字段的主题识别结果相比，基于引文内容分析的主题识别结果与论文研究内容更契合，是对原

---

①　Teufel S, Siddharthan A, Dan T. Automatic classification of citation function[J]. Conference on Empirical Methods in Natural Language Processing, 2006, 14(1): 103-110.

②　刘盛博，丁堃，张春博. 基于引用内容性质的引文评价研究[J]. 情报理论与实践，2015, 38(3): 77-81.

③　徐琳宏，丁堃，孙晓玲，等. 施引文献视角下正面引用论文的影响力及其影响因素的研究——以自然语言处理领域为例[J]. 情报学报，2021, 40(4): 354-363.

④　耿树青，杨建林. 基于引用情感的论文学术影响力评价方法研究[J]. 情报理论与实践，2018, 41(12): 93-98.

⑤　陈颖芳，马晓雷. 基于引用内容与功能分析的科学知识发展演进规律研究[J]. 情报杂志，2020, 39(3): 71-80.

文相关信息的重要补充。① Small 和 Greenlee 认为将共被引聚类和引文内容分析结合起来能更好地揭示研究领域的知识基础，他们以重组 DNA 领域为例，利用主题词和短语表征引文具体内容，进而分析出共被引聚类的主题及其关联。② Jeong 等则将引文内容信息纳入作者共被引分析，通过提取引用文本中的特征词来进行作者共被引网络分析。③ 李婷婷和李秀霞还将引用内容引入期刊互引分析，以信息学具有代表性的 10 种期刊为例，探讨这些期刊之间基于内容的互引关系。④ 此外，在信息检索领域，Connor 将引用内容中的文本词组作为被引文献的检索词，进行引用内容的信息检索应用，通过仿真实验发现该方法可在很大程度上提高文献检索效率。⑤⑥ Bradshaw 进一步将引用内容中的检索词与被引频次结合，提出 Reference Directed Indexing 方法，用于改进搜索引擎的检索效果，实证发现该方法提高了传统引文的检索效率。⑦

1.2.4 引用行为相关研究

在中国科学研究领域，一些评价体系已经对引文数据提出了要

---

① 祝清松，冷伏海. 基于引文内容分析的高被引论文主题识别研究[J]. 中国图书馆学报，2014，40(1)：39-49.

② Small H G, Greenlee E. Citation context analysis of a co-citation cluster: recombinant-DNA[J]. Scientometrics, 1980, 2(4): 277-301.

③ Jeong Y K, Song M, Ding Y. Content-based author co-citation analysis [J]. Journal of Informetrics, 2014, 8(1): 197-211.

④ 李婷婷，李秀霞. 基于引文内容的信息学期刊互引分析[J]. 情报杂志，2016，35(2)：110-115.

⑤ O'Connor J. Biomedical citing statements: computer recognition and use to aid full-text retrieval[J]. Information Processing & Management, 1983, 19(6): 361-368.

⑥ O'Connor J. Citing statements: computer recognition and use to improve retrieval[J]. Information Processing & Management, 1982, 18(3): 125-131.

⑦ Bradshaw S. Reference directed indexing: indexing scientific literature in the context of its use[D]. Northwestern University, 2003.

求，① 例如中国国家自然科学奖评价指标明确规定："主要学术思想和观点被认可是指他人在正式发表的论文、专著中正面引用完成人提出的学术思想、观点或方法的情况。"因此，文献的引用动机十分重要，其既能结合引文内容等特征，发现学科领域之间的引用规律；还能为基于引文的学术评价提供参考。目前，引用动机的相关研究可分为 3 类：从理论上对引用动机归类；直接通过访谈、调查问卷获取作者的真实引用动机；基于引文内容识别作者的引用动机，包括人工标注、机器自动标注。

（1）引用动机的分类

关于引用动机的分类目前还没有统一的标准，不同学者持有不同的观点。例如：Garfield 根据被引文献在施引文献中的位置、内容等，将引用动机较为系统地划分为 15 种经典动机，包括向开拓者致敬、提供背景资料、充实性的声明、对他人工作的否定等，这是最早提出深入研究引文动机的提议。② Moravcsik 和 Murugesan 的研究也具有一定的代表性，他们从 4 个维度、采用二分法建立了引用属性的分类表——概念性或操作性引用、陈述性或敷衍性引用、扩展或继承性引用、质疑或否定性引用。③ Chubin 和 Moitra 将 Moravcsik 等的分类标准进一步扩展，分为基础的必要引用、辅助的必要引用、额外的补充引用、敷衍的补充引用、部分的负面引用、全面的负面引用 6 类。④ Vinkler 则将作者的多种引用动机归为两大类：专业动机和关系动机，专业动机是指由于理论或实践上的

① 祝小静. 团队型学科化服务模式实践与思考——以中国人民大学图书馆为例[J]. 知识管理论坛，2014(4)：22-26.

② Garfield E. Citation indexes for science：a new dimension in documentation through association of ideas[J]. Science，1955，122(3159)：108-111.

③ Moravcsik M J，Murugesan P. Some results on the function and quality of citations[J]. Social Studies of Science，1975，5(1)：86-92.

④ Chubin D E，Moitra S D. Content analysis of references：adjunct or alternative to citation counting? [J]. Social Studies of Science，1975，5(4)：423-441.

内容联系而导致的作者引用行为，关系动机是指作者为了和学术共同体建立起社会联系而进行的引用。① 朱大明也基于引用动机的影响因素，将引用动机划分为学术性动机和非学术性动机，并将学术性动机又进一步划分出 10 种小类。② 此外，Oppenheim 和 Renn 还将高被引论文的被引用原因分为 A 到 G 共 7 个类别，其中 A 类（介绍历史背景）是出现频率最高的类别。③ 在国内，刘青和张海波也较早地关注了引用动机，认为转引、自引、隐含引用和策引等引用行为具有明显的倾向性，并总结了影响引用行为的因素：引用目的、引用习惯、出版系统的编辑等。④

（2）基于问卷调查或访谈的引用动机研究

早期受全文本研究的技术限制，学者们大多通过问卷调查或访谈来开展引用动机研究。

调查的基本方式有两种：一种是直接询问作者撰写论文与施引文献之间的关联方式与程度。例如：Brooks 通过访谈方式直接询问科研人员的引用动机，并将调查到的引用动机分为说服读者、消极引用、提醒读者三类。⑤ Rong 和 Martin 询问了 99 位生物学家和心理学家的引用动机，并请每位作者对本人的每篇引文给予重要性判断，发现大部分的引用动机是提供研究背景信息。⑥ Prabha 则通过自填式问卷，调查工商管理领域 19 位学者的引用动机，发现作者

---

① Vinkler P. A quasi-quantitative citation model[J]. Scientometrics，1987，12(1)：47-72.

② 朱大明. 参考文献的引用动机[J]. 科技导报，2013，31(22)：84.

③ Oppenheim C, Renn S P. Highly cited old papers and the reasons why they continue to be cited[J]. Journal of the American Society for Information Science，1978，29(5)：225-231.

④ 刘青，张海波. 引用行为初探[J]. 情报杂志，1999(3)：64-66.

⑤ Brooks T A. Evidence of complex citer motivations[J]. Journal of the American Society for Information Science，1986，37(4)：34-36.

⑥ Rong T, Martin A S. Author-rated importance of cited references in biology and psychology publications[J]. Journal of Documentation，2008，64(2)：246-272.

真正阅读过的参考文献占到 90% 以上。① 马凤和武夷山对《中国科技期刊研究》作者和中国情报学领域核心作者做了两项关于引用动机的问卷调查，发现除了理性、正面引用动机外，还会出现被迫引用、假引、为特殊目的的敷衍引用、二次或多次引用等问题。② Bonzi 和 Snyder 通过访谈调查了高校教职工引用自己文献和引用他人文献的原因，结果表明自引和他引之间没有明显的引用动机区别。③ 史雅莉等采用扎根理论方法，调查引证过程中科研用户的数据认知行为，确定了该行为的范畴体系。④ 宋维翔则通过邮件访谈的方式访问了若干"睡美人"文献和"王子"文献的作者，通过对 3 个引用动机问题的回复，发现形成"睡美人"文献的原因主要有作者的谦虚性、团队的不稳定性等因素。⑤

　　第二种调查方式是首先预设好一个引用动机框架，让施引作者根据其论文中的引文进行动机标注。例如：Brooks 首先将引用动机分为七种类型，再对爱荷华大学的科研人员开展调查，让他们指出其发表论文中每一条引文的引用动机属于哪一类或几类，实验发现作者在引用一条文献时可能存在多种动机。⑥ Shadish 等还建立了一份关于引用动机的研究量表，发现知识借鉴和社会性因素都会影

① Prabha C G. Some aspects of citation behavior: a pilot study in business administration[J]. Journal of the American Society for Information Science, 1983, 34(3): 202-206.

② 马凤, 武夷山. 关于论文引用动机的问卷调查研究——以中国期刊研究界和情报学界为例[J]. 情报杂志, 2009, 28(6): 9-14, 8.

③ Bonzi S, Snyder H W. Motivations for citation-a comparison of self-citation and citation to others[J]. Scientometrics, 1991, 21(2): 245-254.

④ 史雅莉, 赵童, 杨思洛. 引证视角下科研用户的数据认知行为研究——基于扎根理论方法[J]. 情报理论与实践, 2020, 43(6): 49-55.

⑤ 宋维翔. "王子"对"睡美人文献"引用的动机分析——基于邮件访谈调查的实证研究[J]. 现代情报, 2018, 38(5): 32-36.

⑥ Brooks T A. Private acts and public objects: an investigation of citer motivations[J]. Journal of the American Society for Information Science, 2010, 36(4): 223-229.

响作者的引用行为。① Liu 通过对中国物理学家的问卷调查结果来构建引用动机理论模型，分析了影响引用行为的外部因素与内部动机之间的联系。② Singson 等构建了一份由人口统计资料和23项引文信任和引文来源权威声明组成的预先定义问卷，再邀请100名高校教师填写，实验结果发现引用行为是复杂且多面的，有部分研究人员的引用行为会受到社会关系影响。③ 张敏等提出研究假设和模型，采用情境实验结合问卷访谈的实证方法，探究了科研人员引用行为的影响因素与内在认知过程。④⑤⑥ 邱均平等也提出了针对科研人员引用行为的影响因素模型，包括内在和外在引用动机两个方面，并通过问卷结果来分析各个引用动机之间的相互关系。⑦

(3) 基于引文内容的引用动机标注研究

除对学者自身展开引用动机调查外，其他研究还通过引文内容信息来标注引用动机。其中，人工标注通常是相关领域或专业的研究人员根据预先设定的动机分类标准进行标注实验。如：Moravcsik

---

① Shadish W R, Tolliver D, Gary M, et al. Author judgements about works they cite: three studies from psychology journals [J]. Social Studies of Science, 1995, 25(3): 477-498.

② Liu M. A study of citing motivation of Chinese scientists [J]. Journal of Information Science, 1993, 19(1): 13-23.

③ Singson M, Sunny S, Thiyagarajan S, et al. Citation behavior of Pondicherry University faculty in digital environment: a survey [J]. Global Knowledge Memory and Communication, 2020, 69(4-5): 363-375.

④ 张敏, 刘盈, 严炜炜. 科研工作者引文行为的影响因素及认知过程——基于情感结果预期和绩效结果预期的双路径分析视角[J]. 图书馆杂志, 2018, 37(6): 74-84.

⑤ 张敏, 夏宇, 刘晓彤, 张艳. 科技引文行为的影响因素及内在作用机理分析——以情感反应、认知反应和社会影响为研究视角[J]. 图书馆, 2017(5): 77-84.

⑥ 张敏, 赵雅兰, 张艳. 从态度、意愿到行为：人文社会科学领域引文行为的形成路径分析[J]. 现代情报, 2017, 37(9): 23-29.

⑦ 邱均平, 陈晓宇, 何文静. 科研人员论文引用动机及相互影响关系研究[J]. 图书情报工作, 2015, 59(9): 36-44.

和 Murugesan 对引用态度与动机提出了 4 个问题，每个问题提供了正、反、中立 3 种选择，并对 30 篇文献的 706 次引用进行人工判读，发现论文中的大部分引用为无实质关联的敷衍性引用，并且概念性引用多于实质性引用。① Cano 认为引用行为是复杂多样的，他参考上述 Moravcsik 的引用动机分类标准，让 42 位结构工程领域的科学家对他们引用过的 344 条引文进行归类，发现了 5 类最常见的引用动机。② Teufel 等将引用动机分为不足、肯定、对比和中立 4 个类别，并在此基础上继续细分为 12 个标准，另外又将这 12 个标准归到三大类别（负面、中性、正面）中，然后由 3 名标注人员按照上述分类标准对 26 篇文章的 548 次引用进行动机标注，发现按照该分类框架的标注结果一致性较高。③ 丁文姚等采用内容分析法从 9 个维度对样本论文的科学数据引用行为进行编码，并应用统计学方法描述图书情报领域科学数据的引用特征，探索不同维度特征间的关联关系。④

此外，随着自然语言处理、机器学习技术成熟，越来越多的学者尝试利用计算机标注引用动机。Teufel 等利用内容语义结构与特征词对引用情感分类，提出了一种利用动词线索词的引用内容自动分类方法。⑤ 刘盛博等通过自动句法标注寻找引用相关句子的主语，并根据主语和 Teufel 动词线索词的搭配关系对引用内容自动分类，发现在 BMC-Bioinformatrics 期刊中，62.88% 的引用是中性的，

①　Moravcsik M J, Murugesan P. Some results on the function and quality of citations[J]. Social studies of science, 1975, 5(1): 86-92.

②　Cano V. Citation behavior: classification, utility, and location [J]. Journal of the American Society for Information Science, 1989, 40(4): 284-290.

③　Teufel S, Siddharthan A, Dan T. Automatic classification of citation function[J]. Conference on Empirical Methods in Natural Language Processing, 2006, 14(1): 103-110.

④　丁文姚、李健、韩毅. 我国图书情报领域期刊论文的科学数据引用特征研究[J]. 图书情报工作, 2019, 63(22): 118-128.

⑤　Teufel S, Siddharthan A, Dan T. Automatic classification of citation function[J]. Conference on Empirical Methods in Natural Language Processing, 2006, 14(1): 103-110.

正面引用达到了 33.59%，而负面引用只有 3.53%。① 为了验证计算机标注引用动机的有效性，Hernandez-Alvarez 和 Gomez 选择 85 篇文献及其引文内容数据进行人工标注和机器标注两项引用动机调查实验，参考人工标注结果，确认了计算机标注实验具有较高的准确性。② Abu-Jbara 等则将引用动机划分为 6 种类型——基础、批评、比较、中立、实验、证明，并对 3500 条引文内容及其上下文的动机进行机器标注，发现计算机标注具有较高的准确率，且加入引文上下文信息的标注方法能在很大程度上提高准确度。③ Roman 等运用深度神经网络算法对 1000 万条引文上下文进行标注，发现 BERT 嵌入的标注方法准确率最高。④ Wang 等提出了一种结合引文句法特征与语境特征的机器学习框架，通过检查引文的句法和上下文信息来区分重要和不重要引文，实验结果表明该分类框架能够获得较好的分类性能。⑤

1.2.5 研究现状述评

从以上研究进展可以看出，文献引用相关研究已在各个领域发展得较为成熟，但仍存在一些研究不足与研究空白，具体表现在以

---

① 刘盛博，丁堃，张春博. 基于引用内容性质的引文评价研究[J]. 情报理论与实践，2015，38(3)：77-81.

② Hernandez-Alvarez M, Gomez J M. Citation impact categorization：for scientific literature [C]//Proceedings of 2015 IEEE International Conference on Computational Science & Engineering, Porto, Portugal, 2015：307-313.

③ Abu-Jbara A, Ezra J, Radev D. Purpose and polarity of citation：towards NLP-based bibliometrics[C]//Proceedings of Human Language Technologies：The Conference of the North American Chapter of the Association for Computational Linguistics 2013, Denver, Colorado, USA, 2013, 59(9)：596-606.

④ Roman M, Shahid A, Khan S, et al. Citation intent classification using word embedding[J]. IEEE Access, 2021, 9(1)：9982-9995.

⑤ Wang M Y, Zhang J Q, Jiao S J, et al. Important citation identification by exploiting the syntactic and contextual information of citations[J]. Scientometrics, 2020, 125(3)：2109-2129.

下几个方面：

①在文献引用关系相关研究中，基于直接引用、共被引、耦合的文献引用理论与方法已被广泛应用于科学前沿探测、学科知识演化分析、主题聚类等各个领域，且相关研究也日臻深入、成熟。然而，目前现有的三种引文分析法在研究对象、研究过程、基本原理等方面存在诸多的相似点与不同点，各有利弊，从而导致分析结果的差异较为明显。其次，现有研究均是围绕其中一种引文分析法进行研究，或对比不同引文分析法的异同。区别于现有的大部分应用型研究，本书在融合以上三种引用关系的基础上，提出一种多元的引用关系——三角引用结构，并通过文献特征分析、引文内容挖掘等，进一步从多元化的角度揭示文献的引用特点与机理、解释学者的引用行为与引用偏好等，反映多元引用关系的多面性。

②目前文献引用机制的已有研究多是从不同角度、基于文献题录数据分析参考文献引用的影响因素，并从引用机制角度构建学术评价指标与方法。本书在借鉴已有文献引用机制研究的基础上，选择了语言、文献类型、期刊与影响因子、引用时间、跨学科引用、作者自引、被引频次、使用频次等多个分析角度，探索三角引用结构中三方文献、三方引用关系的文献特征与引用特征，以发现三角引用结构中的内在机制。同时，本书基于发现的科学文献三角引用机制，以间接影响力的角度尝试构建文献被引泡沫过滤模型和被引频次计数模型，将文献引用机制的理论研究付诸实践。

③在全文本引文内容分析领域，国内外学者近几年已对引文内容分析的研究框架展开了深入、全面的探讨和实践，值得本研究借鉴。在本书中，间接三角引用现象的引用情境与引用行为比较复杂，仅通过被引数量和文献题录信息无法揭示施引文献与被引文献在研究内容上的关联性；另一方面，容易忽略掉引文在三角引用结构中的隐性表现，从而无法准确判断作者的引用行为与动机。因此，需要在题录数据研究的基础上引入全文本引文内容分析方法，系统、全面地分析引文内容与知识结构。本书参考引文内容分析的现有研究文献，选择从引用强度、引用位置、引用情感、引用动机四个角度，对三角引用结构中三方引用关系（B→A、C→A、C→

B)的引文内容特征进行分析，从深层次挖掘三角引用结构的内在机制和驱动因素，达到对引用结构和文献内容较为深刻、具体、精确的认识。

④在参考文献引用行为领域，主要研究和经典研究还是停留在多年前的起步阶段，而国内直接相关的研究工作更是少之又少。科学研究中的引用行为和引用动机蕴含着丰富的信息，在早期的已有研究中，通过问卷调查或访谈方式可以直接反映作者对参考文献的引用动机，但实验数据少且操作复杂，容易忽略其他引文内容信息。然而，人工或机器标注动机的方法又带有一定的间接性和主观性。文本相似度算法和引用动机两个研究主题在各自相关领域不断发展成熟，但鲜有研究将两者融合到一起。因此，本书考虑将文本相似度算法引入三角引用行为的研究，通过对引文内容相似度的定量分析，将用语言表示的文本关联转换为定性的引用动机假设，从而揭示施引文献与被引文献之间的知识关联、被引用原因等。一方面，通过测度两两引用文本间的内容相似度，判断三角引用结构中的转引行为；另一方面，结合相似度定量计算结果与 A、B、C 的文献特征，进一步挖掘三角引用行为的影响因素与引用情境。

综上所述，本书将在前人研究的基础之上，提出科学文献三角引用结构和概念，弥补这一研究领域的空白。其次，参考现有题录数据分析、全文本引文内容分析相关研究，结合文本相似度算法，探索科学文献三角引用的文献特征与引文内容特征、隐性的形成机制、引用行为识别手段等。最后，尝试将文献间的间接三角引用机制应用在科学影响力评价、引用行为规范治理等重要场景中。

📚 1.3　研究内容与方法

1.3.1　篇章结构与内容

本书共分为七个章节，具体的研究框架如图 1-2 所示。

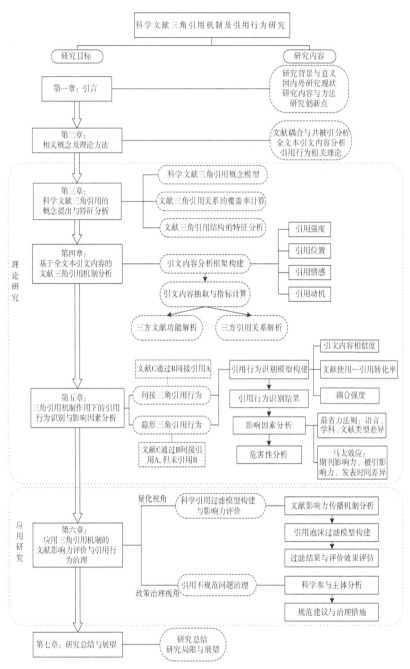

图 1-2 研究框架图

①第一章：引言。首先，提出本书的研究背景、研究问题，并论述该研究的理论意义与实践意义；其次，运用文献综述法和分析归纳法研究当前国内外在"文献引用关系""文献引用机制""全文本引文分析""引用行为"四个方面的研究进展、研究现状，并基于目前的研究空白和不足，提出本书研究思路；最后，总结本书的创新点与难点。

②第二章：相关概念及理论方法。梳理、概述、总结本书研究过程中涉及的相关概念、理论与方法，包括：文献耦合与共被引分析、全文本引文内容分析、引用行为相关理论等。其中，文献耦合与共被引分析理论用于支撑本书提出的科学文献三角引用概念的理论基础与分析过程；全文本引文内容分析理论为本书第四章"基于全文本引文内容的文献三角引用机制分析"提供全文本内容抽取与处理步骤、分析框架等提供理论参考；引用行为理论中的最省力法则用于解释本书第五章的间接三角引用行为，马太效应理论用于解释本书第五章的隐形三角引用行为。

③第三章：科学文献三角引用的概念提出与特征分析。本章首先构建科学文献三角引用的概念模型，如定义、理论价值、应用价值等，并定义三角引用中三种文献——原始文献 A、中间文献 B 与追随文献 C。其次，构建文献三角引用关系的获取步骤，并以大规模引文数据为实验样本，计算三角引用关系在实际引文网络中的覆盖比例。最后，从文献题录信息角度，选择文献类型、期刊与影响因子、引用时间、学科领域、作者自引五个分析维度，对科学文献三角引用结构中三方文献的特征及其引用特征展开分析与讨论。

④第四章：基于全文本引文内容的文献三角引用机制分析。从引文内容分析角度，对三角引用结构中 B→A、C→A、C→B 三方引用关系的引用强度、引用位置、引用情感、引用动机进行分析。以大规模的三角引用关系为实验样本，爬取相应的全文数据，并提取、标注和计算每条三角引用中三方引用关系的引用强度、引用章节位置、引用相对顺序、引用情感极性、引用动机等，探索三角引用结构中的三方文献角色功能、三方引用关系规律，并总结其形成机制。

⑤第五章：三角引用机制作用下的引用行为识别与影响因素分析。本章主要从间接三角引用机制角度，对不规范的三角引用行为

进行有效识别与影响因素分析。首先，根据间接三角引用机制中文献 C 的引用模式，提出两种三角引用形式，包括间接三角引用行为、表现为耦合的隐形三角引用行为。其次，构建引文内容相似度、文献使用—引用转化率、耦合强度等多维度判定指标，通过大规模的文献数据对间接三角引用与隐形三角引用行为进行识别。最后，结合最省力法则、马太效应理论等，对比间接三角引用与非间接三角引用、隐形三角引用与非隐形三角引用数据集的相关文献特征，分析作者不规范引用行为背后的影响因素与引用情境，并揭示以上两种引用行为普遍存在的必然性与危害性。

⑥第六章：应用三角引用机制的文献影响力评价与引用行为治理。本章根据三角引用结构表征的间接影响力，构建科学文献影响力评价模型，将间接三角引用机制的理论研究应用在科学影响力评价领域。首先，基于三角引用结构中的间接影响力传播机制，设计论文被引次数的过滤与统计方案；根据不同引用关系的特征分配权重，聚合相关指标并构建综合评价模型。其次，构建评价数据集进行过滤与计算实验，评估该模型的有效性与评价效果。最后，从科学共同体视角出发，解析科学论文从生产到出版发行过程中的不同科学参与主体及其在科学引用不规范问题中的动因；基于作者自身、期刊及编辑人员、审稿专家、读者群体、作者单位、相关管理部门六个角度提出不规范引用行为的治理措施与规范建议。

⑦第七章：研究总结与展望。回顾、总结本书的研究思路与结论；分析研究方法、研究结论的优势与不足；最后提出可行性建议与未来研究展望。

1.3.2　研究方法

秉承定性与定量相结合、继承与创新相结合、理论研究与实证研究相结合的原则，综合运用哲学、科学学、图书情报学、数据科学和可视化等多学科的方法来完成了本书的研究工作。具体来说，本书采用了文献调研、数理统计与计算机辅助分析、文本挖掘技术、实证分析、数据可视化等方法。

(1)文献调研法

本书从文献引用关系、引用特征、引用行为及全文本引文内容分析四个方面，对现有研究进行梳理和充分考察，了解国内外最新的研究动态和相关成果，并在此基础上，总结现有研究的不足和空白，提出并确定本书的主要研究问题、研究思路和理论模型。

(2)数理统计与计算机辅助分析

本书在第3—6章中，均需要用到 Excel 等工具对样本数据进行数理统计分析，来揭示相应的特征或规律。此外，为了处理大规模数据集(视窗程序 Excel 无法胜任)，需用到自编 Python 程序来进行数据抽取、数据描述、数据分析及语言识别等，同时还需要采用机器学习、知识表示学习等相关方法。

(3)文本挖掘技术

文本挖掘技术作为一门综合性技术，是从文本数据中获取有价值的信息和知识的过程。在本书中，文本挖掘技术主要用于挖掘三角引用结构内三方引用关系的引用内容信息。其中，在第四章进行两两文献之间引用内容信息的抽取与分析；在第五章主要采用向量空间模型①、信息熵②、主题模型③等方法对引用文本的内容主题进行分类，并采用余弦相似度④、聚类分析⑤等计算两两引用关系

① 王娟琴. 三种检索模型的比较分析研究——布尔、概率、向量空间模型[J]. 情报科学，1998(3)：225-230，260.

② 关鹏，王曰芬，傅柱. 不同语料下基于 LDA 主题模型的科学文献主题抽取效果分析[J]. 图书情报工作，2016，60(2)：112-121.

③ 王小红. 主题模型为科学与人文融合提供新契机[N]. 中国社会科学报，2018-12-06(007).

④ 周瑛. 信息检索中文本相似度的研究[J]. 情报理论与实践，2005(2)：142-144.

⑤ 刘启元，叶鹰. 文献题录信息挖掘技术方法及其软件 SATI 的实现——以中外图书情报学为例[J]. 信息资源管理学报，2012，2(1)：50-58.

之间的引文内容相似度。

（4）实证分析法

本书以 Web of Science 和中国知网（CNKI）两个数据库作为数据来源；其次，为保证数据样本多样性，选取医学与生物学、心理学、管理学、化学、物理学、数学、计算机科学、图书情报科学等8 个学科，研究论文、综述论文、会议论文、学位论文等多种文献类型；在引文网络中获取了大规模的文献数据：73464 组三角引用关系与 3442674 组文献耦合关系。并以这些文献数据及其文献特征、引文内容特征在第 3—6 章中进行多次实证研究与分析，得到一般性、普适性的特征、规律与研究结论。

（5）数据可视化

数据可视化是利用计算机图形学、图像处理技术、计算机辅助设计、计算机视觉等理论和方法，将数据转换成图形或图像，并进行交互处理。①② 数据可视化在本书第 3—6 章中有多处应用，借助图形化的方式将复杂、刻板的数据转换为直观、生动的图像，使读者相对更快速、更容易地捕捉到数据表现出的信息、特征、规律。

1.4　研究创新点与难点

1.4.1　研究创新点

根据以上研究内容，本书的创新点主要体现在以下三个方面：

首先，提出科学文献三角引用概念和引用机制，并系统地构建

① 刘波，徐学文 . 可视化分类方法对比研究［J］. 情报杂志，2008（2）：28-30.

② 宋秀芳，迟培娟 . Vosviewer 与 Citespace 应用比较研究［J］. 情报科学，2016，34（7）：108-112，146.

这一概念的理论模型与应用场景，进一步丰富引文分析方法与科学评价理论。

自1963年和1973年，文献耦合与共被引这两种引用关系与概念被提出后，广泛应用在科学前沿探测、学科知识演化分析、科学评价等领域，时至今日，相关研究仍是科学计量学的主要研究方法和重要研究基础。本书在二元引用—被引关系（文献耦合、共被引）的基础上，从基于三元引用关系的角度提出科学文献三角引用关系与机制。一方面，科学文献三角引用囊括了目前现有的三种引用关系，是一个独具包容性、多元化的引用结构，通过这一综合结构体，能够平衡不同引用关系的优缺点，进一步形成规范、系统的引用结构；另一方面，三角引用机制能够从多元化的角度揭示文献的引用特点与机理、解释学者的引用行为与偏好，对补充、完善引文分析方法和科学评价理论具有较好的指导作用。

其次，运用全文本引文内容分析方法，从深层次、细粒度、多方面挖掘三角引用结构中的文献功能与引用机制，并结合引文内容抽取、文本相似度计算等技术分析具体的引用语境，以客观的引文数据揭示作者复杂且隐蔽的引用行为。

国内外引文内容分析的相关研究多是基于一元引用—被引关系进行引文内容分析。本书将全文本引文内容分析应用到复杂的、多元的三角引用关系中，即对同一结构中多组引用关系的引文内容进行对比、讨论，细粒度揭示三角引用这一概念及内部结构的多元化价值，拓宽了文献引用关系与引文内容分析的研究深度与广度。其次，本书还将引文内容分析、文本相似度算法应用到作者三角引用行为识别与影响因素分析中，从文献数据中挖掘作者复杂且隐蔽的引用机制与引用行为，在一定程度上将隐性的引用机制与引用行为变成可量化、可识别的文献规律。因此，借助全文本引文分析技术，本书赋予科学文献三角引用这一概念更多面的研究意义与应用价值。

最后，解析科学文献三角引用中的间接引用机制，并根据不同引用关系的真实影响力进行分类、加权、赋值，构建论文被引过滤模型与计数模型，提高了被引频次计数的真实性与科学性，在一定程度上解决马太效应问题。

　　本书的一个重要发现即提出由间接三角引用机制导致的间接三角引用与隐形三角引用等不规范引用行为，并认为其违背了引文分析、引文评价工作的准确性和公平性。因此，通过引文内容相似度、使用—引用转化率、耦合强度等多维指标建立不规范引用行为的识别框架，识别间接三角引用与隐形三角引用等不当引用行为，为期刊管理部门识别、治理科学引用失范问题提供技术支撑。引入两级传播理论，基于三角引用结构中的间接影响力特征，构建在复杂引文网络中具有普适性的被引频次过滤与计数模型，该模型能够在一定程度上去除间接三角引用行为产生的引用泡沫，客观、公正地反映文献的内在价值与真实影响力。

1.4.2　研究难点

　　本书在研究与撰写过程中遇到了如下难点：

　　第一，间接三角引用行为与隐形三角引用行为的技术识别问题。本书在三角引用结构的文献特征分析与引文内容挖掘中，发现了两种由负面引用动机引起的不规范引用机制与引用行为。在负面引用动机与不规范引用行为的研究工作中，若以访谈或问卷调查方式对学者引用问题开展调查，研究结果的客观性和真实性将有待考量。若基于文献信息、文本挖掘对引用动机与引用行为进行识别与预测，研究结果将具有间接性和不确定性，尤其对于在引文网络中未表现出直接引用联系的隐形三角引用关系。本书选择从引用内容相似度、文献数据库平台使用量、耦合强度等多个角度建立多维度的不规范引用行为识别指标，但难以避免遗漏没有达到相应阈值的不规范引用行为数据，也难以保证识别的不规范引用关系数据均是来源于负面引用动机。因此，本书获取了大规模的实证数据集，从百万级别的文献数据计算结果中得到研究结论和规律，足以表征间接三角引用行为与隐形三角引用行为的存在。

　　第二，全文本引文分析方法与文本挖掘技术的难度。相对于题录数据和引文数据，全文数据的信息量和价值更大，但相应地分析

难度也更高。首先，在对结构化文献的处理方法上，目前相关研究
一直以英文文献为主，而中文的结构化文献数据在近几年才逐渐增
加，本书同时对中文与英文文献展开了全面分析；其次，目前国内
关于全文本引文分析的实验样本数多在几百篇或几千篇，而本书为
保证数据样本的丰富性与全面性，保证研究结论的普适性，选取的
实证样本数量多达十万篇。因此，基于全文本分析的数据处理与分
析花费了较长的时间和精力，也是本书研究所面临的比较大的一项
挑战。

2　相关概念及理论方法

2.1　文献耦合与共被引分析

2.1.1　文献耦合分析方法

(1) 概念来源与拓展

Kessler 于 1963 年，发现论文的研究主题和内容越相似，两者之间相同参考文献的数量就越多，于是提出了文献耦合的定义，[①]即两篇文献具有一篇及以上相同的参考文献，并将相同参考文献的数量称为文献耦合强度。耦合强度表明两篇文献在研究内容上的相似性，耦合强度越高，两篇文献的研究主题或研究内容越相似。[②]考虑到不同学科、不同领域的文献中参考文献数量大小不一，

---

①　Kessler M M. Bibliographic coupling between scientific papers [J]. American Documentation, 1963, 14(1): 10-25.

②　Huang M H, Chang C P. Detecting research fronts in OLED field using bibliographic coupling with sliding window [J]. Scientometrics, 2014, 98(3): 1721-1744.

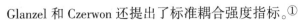

Glanzel 和 Czerwon 还提出了标准耦合强度指标。①

此后，文献耦合概念又被扩展至不同的科学主体中，② 如扩展至作者层次，提出作者—文献耦合分析，③ 其基本原理为：比较两两作者所有发表论文的参考文献列表，若至少有一篇相同的参考文献存在，则认为两位作者之间形成了作者耦合关系，以相同参考文献的数量作为作者耦合强度，用于测度他们之间在研究主题与研究领域上的相似度。文献耦合概念还被延伸至期刊和机构等层面，以衡量各个层次科研主体之间的相似程度。④ 此外，从耦合媒介角度，学者们借鉴文献耦合的基本原理和计算方法，还提出了关键词耦合，⑤ 即两篇科学文献拥有至少一个相同的关键词。其中，相同关键词的个数即为关键词耦合强度。除文献耦合强度之外，关键词耦合强度也是反映两篇文献研究主题和研究内容相似度的指标。

(2) 文献耦合分析步骤

文献耦合分析是建立在固定的参考文献基础之上，由于文献在发表后并不会再改变它的参考文献列表，因此从时间维度来看，文

---

① Glanzel W, Czerwon H J. A new methodological approach to bibliographic coupling and its application to research-front and other core documents [C]// Proceedings of 5th international conference on Scientometrics and Informatics. Medford：Learned Information Inc，1995：167-176.

② 温芳芳. 国际化背景下我国图书情报学与世界各国研究相似性的测度与比较——基于1999—2018年Web of Science论文的耦合分析[J]. 情报学报，2020，39(7)：687-697.

③ Zhao D Z, Strotmann A. Evolution of research activities and intellectual influences in information science 1996-2005：introducing author bibliographic-coupling analysis[J]. Journal of the American Society for Information Science and Technology, 2008, 59(13)：2070-2086.

④ Thijs B, Zhang L, Glanzel W. Bibliographic coupling and hierarchical clustering for the validation and improvement of subject classification schemes[J]. Scientometrics, 2015, 105(3)：1453-1467.

⑤ 宋艳辉，武夷山. 作者文献耦合分析与作者关键词耦合分析比较研究：Scientometrics实证分析[J]. 中国图书馆学报，2014，40(1)：25-38.

献耦合分析是静态的，一旦确定了两两文献间的耦合关系，就不会再被改变。文献耦合分析一般包括六个步骤，[①] 如下：

①综合收集某一学科领域的相关文献和参考文献，并建立科学引文索引。

②删除不满足一定耦合强度阈值的文献，以排除与研究主题相关度较低的数据，从而降低误差、产生有意义的聚类结果。

③以施引文献为列元素、被引用文献为行元素，建立关于文献样本集合的引用矩阵，并计算两两文献之间的距离，即耦合强度。其中，耦合强度是对文献耦合次数进行标准化运算，转化为取值在 $[0,1)$ 之间的相似性系数 S_{ij}，[②] 计算公式如式 2-1：

$$S_{ij} = \frac{bc_{ij}}{\sqrt{N_i N_j}} \qquad (2-1)$$

其中，b_{ij} 表示文献 i 与文献 j 之间出现相同参考文献的数量，N_i 与 N_j 分别表示文献 i 和文献 j 参考文献的总数量。

④通过谱系聚类法对文献单位样本进行聚类分析。谱系聚类方法是一种通过连续合并文献类来获得二叉树聚类图的方法。其基本思路为，对于 n 个聚类单元，首先计算出两两之间的距离，得到一个距离矩阵，然后再将两个距离最接近的单元合并为一类；在剩下的 n-1 个类中，不断计算 n-1 个类中两两之间的距离，继续合并距离最近的两个类；并不断重复合并，直到达到所设定的总类数，最后将剩余的独立单元自动整合为一个类。

⑤分析谱系聚类法所生成的二叉树。二叉树的"叶"能够可视化地将文献集群表示为线性序列，用于探测该学科领域的研究前沿。以二叉树生成的结果为纵轴 y，再加上时间轴 x，可以得到研究前沿的时间演化图。

---

① 黄晓斌，吴高. 学科领域研究前沿探测方法研究述评[J]. 情报学报，2019，38(8)：872-880.

② Glanzel W, Czerwon H J. A new methodological approach to bibliographic coupling and its application to research-front and other core documents [C]// Proceedings of 5th international conference on Scientometrics and Informatics. Medford：Learned Information Inc, 1995：167-176.

⑥文献集合命名。提取各个文献集合中出现频次较高的词组，并结合相关领域专家咨询意见，对聚类的文献集合进行命名。

（3）应用

文献耦合概念与方法提出后，被广泛应用于研究热点和前沿探测①、学科知识结构分析②、文献检索与相似文献推荐③、关键文献与核心文献识别④、科学发展轨迹回溯⑤等方面。

①分析学科间的知识联系。具有耦合关系的相关科学文献集合（文献集群）将形成一个内部相互关联的封闭结构，其中每个文献与集群中任意一个文献至少有一个耦合强度；如果集群中的每个文献与集群外的文献至少有一个耦合强度，那么这些文献形成了一个与集群外文献相关联的开放式结构，并且该集群中的文献在相关学科或研究领域必然与集群外文献存在一定关联。⑥ 这些基于耦合关

① Fu X X, Niu Z W, Yeh M K. Research trends in sustainable operation: a bibliographic coupling clustering analysis from 1988 to 2016[J]. Cluster Computing, 2016, 19(4): 2211-2223.

② Gonzalez-Alcaide G, Calafat A, Becona E. Core research areas on addiction in Spain through the Web of Science bibliographic coupling analysis (2000-2013)[J]. Adicciones, 2014, 26(2): 168-183.

③ Yan E J, Ding Y. Scholarly network similarities: how bibliographic coupling networks, citation networks, co-citation networks, topical networks, co-authorship networks, and co-word networks relate to each other[J]. Journal of the American Society for Information Science and Technology, 2012, 63(7): 1313-1326.

④ Ferreira F A F. Mapping the field of arts-based management: bibliographic coupling and co-citation analyses[J]. Journal of Business Research, 2018(85): 348-357.

⑤ Jin N, Yang N D, Sharif S M F, et al. Changes in knowledge coupling and innovation performance: the moderation effect of network cohesion[J]. Journal of Business and Industrial Marketing, 2022, 10. 1108/JBIM-05-2021-0260

⑥ Morris S A, Yen G, Wu Z, et al. Timeline visualization of research fronts[J]. Journal of the American Society for Information Science and Technology, 2003, 55(5): 413-422.

系聚合的封闭结构和开放结构，在一定程度上揭示了学科内部和不同学科之间的相关性和内容联系。

②分析学科内部的知识结构与演化轨迹。耦合关系客观地将看似不相关的科学文献聚合成有序的知识网络。具有耦合关系的文献必然具有一些共同属性，通过对这些结构的分析，可以揭示学科内部的知识结构、发展轨迹和演变规律。①

③为文献检索提供一种新途径。文献耦合将科学文献按照其被引关系划分为若干属性相关的聚类集群，从而提供了从使用角度进行文献检索的可能。基于耦合关系查找相关学科文献资料的方法可以在一定程度上弥补传统文献检索的不足，扩大检索范围，同时提高文献的准确率和查全率。②

（4）缺陷与不足

此外，文献耦合分析在应用中也存在若干负面问题和不足之处，③④ 例如：

①具有耦合关系的两篇施引文献，可能从不同角度、基于不同目的对被引文献的不同部分或内容施加引用。在主题聚类中，若错误地聚合两篇并不具有主题相似性的耦合文献，将会产生相应的分析误差。

②文献耦合关系是固定不变的，其数据集的结构与内容也无法随时间推移而改变，这限制了文献耦合分析法在研究前沿探测和主题演变分析中的广泛应用。

③由于施引行为的产生并不具备限制性，从而降低了耦合分析中文献样本的门槛，无法保证耦合关系形成中文献分析样本的学术

---

① 邱均平．论"引文耦合"与"同被引"[J]．图书馆，1987(3)：13-19.

② 马楠，官建成．利用引文分析方法识别研究前沿的进展与展望[J]．中国科技论坛，2006(4)：110-113，128.

③ 马楠，官建成．利用引文分析方法识别研究前沿的进展与展望[J]．中国科技论坛，2006(4)：110-113，128.

④ 黄晓斌，吴高．学科领域研究前沿探测方法研究述评[J]．情报学报，2019，38(8)：872-880.

质量。在这种情况下，研究前沿识别的结果就会发生相应误差。

2.1.2 文献共被引分析方法

(1) 概念来源与拓展

起初，Small 受到 Kessler 所提出的文献耦合影响，以逆向思维的方式提出了一个新型耦合理论，即文献共被引，[①] 指两篇文献都被后来发表的同一篇文献所引用的现象。被共同引用的次数称为共被引强度，用于量化共被引的两两文献之间的相似性，两篇科学文献的共被引强度越高，意味着它们之间的主题相似度与联系越大。这一转换的创造性在于突破了文献耦合的静态特征，使文献之间的关联关系及关联强度不再一成不变。随着新加入的共同施引文献不断与现有知识的相互转化、重构，文献共被引比文献耦合更有利于说明当前科学结构和研究主题的重大变化和演变趋势。

文献共被引提出者 Small 在介绍该理论的基础上，还从方法论、认识论、概念、研究模式、图谱、方法、应用，以及与其他技术的融合等方面进行了许多基础性探索。[②③④⑤⑥] 他进一步阐明了

---

① Small H G. Co-citation in the scientific literature: a new measure of the relationship between two documents [J]. Journal of the American Society for Information Science, 1973, 24(4): 265-269.

② Small H G. A co-citation model of a scientific specialty: a longitudinal-study of collagen research[J]. Social Studies of Science, 1977, 7(2): 139-166.

③ Small H. Co-citation context analysis and the structure of paradigms[J]. Journal of Documentation, 1980, 36(3): 183-196.

④ Small H. The relationship of information-science to the social-sciences: a co-citation analysis[J]. Information Processing & Management, 1981, 17(1): 39-50.

⑤ Small H G. Macro-level changes in the structure of co-citation clusters: 1983-1989[J]. Scientometrics, 1993, 26(1): 5-20.

⑥ Small H G. A Sci-Map case-study: building a map of AIDS research[J]. Scientometrics, 1994, 30(1): 229-241.

共被引分析的理论基石；利用共被引模型确定了研究范畴内的重要文献；证明了库恩的新范式革命理论能够利用大量引文数据显示出来；利用共被引分析鉴别科学交流中的无形学院；通过分析共被引知识图谱，发现相对紧密的网络结构代表已被充分论证的知识框架，而结构中相对松散的部分则代表相对开放的研究主题，从而具有认识更多外部扩展领域的机会；首次尝试将共被引聚类技术和引文上下文技术融合，并认为文献计量可以作为认识论的一个分支。

此外，文献共被引概念还被拓展到了不同的科学研究主体中，如作者共被引分析①、期刊共被引分析②、专利共被引分析③、主题和类的共被引④、国家共被引⑤、关键词共被引⑥。同时，共被引分析的原理还延伸到其他领域，如超链接网络，共链分析首先在2003 年被引入，⑦ 通过研究被第三方网站共同链接的两个网站之间的关系，来展示网站间的共性与群体特征；共提及网络在 2016 年

① White H D, Griffith B C. Author co-citation：a literature measure of intellectual structure[J]. Journal of the American Society for Information Science, 1981, 32(3)：163-171.

② McCain K W. Mapping economics through the journal literature：an experiment in journal co-citation analysis[J]. Journal of the American Society for Information Science, 1991, 42(4)：290-296.

③ Mogee M E, Kolar R G. Patent co-citation analysis of Eli Lilly & Co. patents[J]. Expert Opinion on Therapeutic Patents, 1999, 9(3)：291-305.

④ Moya-Anegon F, Vargas-Quesada B, Herrero-Solana V, et al. A new technique for building maps of large scientific domains based on the co-citation of classes and categories[J]. Scientometrics, 2004, 61(1)：129-145.

⑤ Porter A L, Rafols I. Is science becoming more interdisciplinary? Measuring and mapping six research fields over time[J]. Scientometrics, 2009, 81(3)：719-745.

⑥ Su Y M, Hsu P Y, Pai N Y. An approach to discover and recommend cross-domain bridge-keywords in document banks [J]. The Electronic Library, 2010, 28(5)：669-687.

⑦ Faba-Perez C, Guerrero-Bote V P, de Moya-Anegon F. Data mining in a closed Web environment[J]. Scientometrics, 2003, 58(3)：623-640.

被提出,① 用于研究公司网络内部之间的联系及亲密程度。

(2)文献共被引分析步骤

通过共被引文献之间的主题相似性与内容相似性联系,可以建立学科或研究主题的聚类结构,并从时间维度提供知识地图演化分析的直观工具。文献共被引分析具有以下几个处理步骤②③:

①收集与某一主题领域有关的科学文献和被引文献记录,并建立引文索引。

②设定合适的阈值,将被引用频率达到某个阈值的高被引论文视为数据分析样本,以调节聚类过程中研究样本(共被引文献)的数量,并控制参与共被引分析的文献质量门槛。

③以施引文献为列元素、被引用文献为行元素,建立关于文献样本集合的引用矩阵。其中,两两文献之间的距离(共被引强度)大多根据文献的共被引次数占文献总被引频次的比例计算,即Persson 提出的标准化共被引强度指标 NCC_{ij}:

$$NCC_{ij} = \frac{4\left(\sum_{d=1}^{n} \dfrac{CC_{ijd}}{L_d}\right)}{C_i + C_j} \tag{2-2}$$

其中,CC_{ijd} 指文献 i 与 j 被文献 d 共同引用的情况(取值 0 或 1);L_d 是指文献 d 所有参考文献的总数量;C_i 表示文献 i 被引用的总频次,C_j 表示文献 j 被引用的总频次。

④利用单链聚类方法对被引用文献进行聚类分析。随机选取一篇文献,并收集与其存在被引用关联的所有文献,建立共被引的关联文献数据集。

---

① Park J, Seok S, Park H W. Web feature and co-mention analyses of open data 500 on education companies[J]. Journal of the Korean Data Analysis Society, 2016, 18(4): 2067-2078.

② 马楠, 官建成. 利用引文分析方法识别研究前沿的进展与展望[J]. 中国科技论坛, 2006(4): 110-113, 128.

③ 黄晓斌, 吴高. 学科领域研究前沿探测方法研究述评[J]. 情报学报, 2019, 38(8): 872-880.

⑤基于共被引强度和聚类结果,采用多维尺度分析方法将研究前沿探测结果可视化。多维尺度分析是一种多重变量分析方法,利用平面间距来表达文献间的联系程度和相似性,其中,两两文献之间的距离为它们的共被引强度,强度越高,距离越近。

⑥文献集合命名。提取各个文献集合中出现频次较高的词组,并结合相关领域专家咨询意见,对聚类的文献集合(研究前沿)进行命名。

(3)应用

文献共被引分析、作者共被引分析等概念、原理、方法还被应用于揭示学科地图、探测知识结构、探索科学规律等。

①利用共被引分析方法优化信息检索策略,如通过聚类技术对信息检索结果进行筛选和完善。[①]

②基于作者共被引分析和可视化技术,可以实时创建、更改和维护术语词表,例如反映科学家地图的 AuthorLink 系统。[②]

③运用共被引分析与聚类方法探测某一学科或某一研究领域的最新研究前沿,为学者提供选题方向与技术指导。

④在运筹管理学领域,利用共被引分析方法揭示管理信息系统(MIS)和决策支持系统(DSS)的研究现状和问题。[③④]

(4)缺陷与不足

此外,文献共被引分析方法在应用中也存在一些缺陷与负面问

① 宋歌. 共被引分析方法迭代创新路径研究[J]. 情报学报,2020,39(1):12-24.

② Lin X,White H D,Buzydlowski J. Real-time author co-citation mapping for online searching[J]. Information Processing & Management,2003,39(5):689-706.

③ Teng J T C,Galletta D F. MIS research directions:a survey of researchers views[J]. ACM SIGMIS Database,1991,22(1-2):53-62.

④ Eom S B. Mapping the intellectual structure of research in decision support systems through author co-citation analysis (1971-1993)[J]. Decision Support Systems,1996,16(4):315-338.

题,① 例如:

①利用共被引分析方法探测科学研究前沿时,会出现时滞性问题。一篇高被引论文从正式出版到被引用,并获得高被引频次一般需要很长的时间,而这个漫长的时间周期使得科学家无法及时发现研究前沿。

②由于采用共被引分析的文献集合会受到被引状况的影响,覆盖范围相对较小,文献分析样本的进入门槛较高,从而容易在分析过程中损失部分研究主题相关、但未积累足够被引的文献数据。

③由于施引者往往具有主观引用动机或社会性引用偏见,具有共被引关系的数据集合难以保证所有文献都是主题相关的,由此导致聚类结果中某些文献间的主题相关度较低,从而影响研究前沿探测结果的准确度。

④在主题聚类过程中,阈值的设定没有客观的参考标准,多带有作者的主观因素,从而造成研究领域之间的边界问题和争议产生。

2.2　全文本引文内容分析

2.2.1　相关概念

内容分析法最初来源于新闻传播学范畴,Bernard Berelson 于 20 世纪 50 年代出版了权威著作《内容分析:传播研究的一种工具》,该书进一步确立了内容分析法在大众传播学中的重要地位。② 近年来,随着互联网技术日新月异的发展、社会信息化需求的扩大,内容分析法的研究水平和应用范围也随之获得大幅提升,被应用到了社会心理学、人类学、高等教育、语言学、历史学、图书馆

---

① 黄晓斌,吴高. 学科领域研究前沿探测方法研究述评[J]. 情报学报,2019,38(8):872-880.

② 邱均平,余以胜,邹菲. 内容分析法的应用研究[J]. 情报杂志,2005(8):11-13.

学和情报学等多个学科领域。①

受数据和技术上的双重制约，文献计量方法在过去数十年的发展中面临着诸多问题，如数据方法粗糙、指标特征单调等，②③ 无法对科研对象的学术影响力作出全面评估。而当下，丰富的学术文献全文数据库为提高学术研究的广度和深度带来了全新的机会，计量研究者们可以深入学术文献的全文数据，并运用内容分析获取更加详细的知识特征与规律。④ 引文内容分析属于内容分析法的研究范围，其中的文本分析内容为两两文献之间的具体引用句，既具备一般的文本内容属性，又具备引用行为和引证过程的特殊情境。因此，全文本引文内容分析是指对带有明确引文标记的知识进行客观、准确、系统、定量的分析，一方面，通过对引用句及上下文进行语义分析，深入挖掘施引文献与被引文献之间的内容关联，揭示引用行为的本质；另一方面，引文内容分析还注重施引文献的全文信息层次，重点分析参考文献在施引文献全文中的实际被引次数、发现参考文献的分布位置与结构、测度多篇参考文献之间的相对位置与分布距离等。⑤⑥

关于引文内容的定义，最具影响力的概念由 Small 于 1982 年

① 刘盛博，丁堃，张春博．引文分析的新阶段：从引文著录分析到引用内容分析[J]．图书情报知识，2015(3)：25-34.

② Li S Y，Shen H W，Bao P. H(u)-index：a unified index to quantify individuals across disciplines[J]. Scientometrics，2021，126(4)：3209-3226.

③ Lu C，Ding Y，Zhang C. Understanding the impact change of a highly cited article：a content-based citation analysis[J]. Scientometrics，2017，112(2)：927-945.

④ 卢超，章成志，王玉琢，等．语义特征分析的深化——学术文献的全文计量分析研究综述[J]．中国图书馆学报，2021，47(2)：110-131.

⑤ 刘盛博．科学论文的引用内容分析及其应用[D]．大连：大连理工大学，2014.

⑥ 刘盛博，丁堃，唐德龙．引用内容分析的理论与方法[J]．情报理论与实践，2015，38(10)：27-32.

提出,① 他将引文内容描述为"citation context",即参考文献和标识周围的文字信息。此外,Nanba 和 Okumura 还将引文内容界定为"reference areas",② 即在参考文献标记范围内,与引文内容有关的一个句子或多个句子。Mei 和 Zhai 则在基于引文内容构建文献摘要的方法中,将引文内容界定为引文标签的上下各两个句子。③ 在本书中,为了分析结果的精准性,将选择引用标签所在的句子作为引用内容分析的文本,即以句号、感叹号、问号或省略号结尾的,可以完整表达一个意思的自然句。

2.2.2 引文内容分析框架

引用内容分析的基本框架如图 2-1 所示。

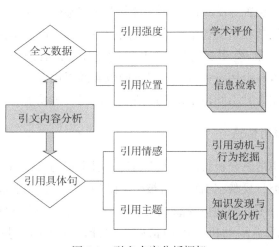

图 2-1 引文内容分析框架

① Small H G. Citation context analysis[J]. Progress in Social Communication Sciences,1982(3):287-310.

② Nanba H,Okumura M. Automatic detection of survey articles [C]// Research and Advanced Technology for Digital Libraries. Vienna:Springer,2005:391-401.

③ Mei Q,Zhai C. Generating impact-based summaries for scientific literature [C]//Proceedings of ACL-08. Columbus:HLT,2008:816-824.

（1）引用强度

在引用强度分析维度，重点研究引文在施引论文中被引用的频次及其分布。[1] 传统上基于著录信息的引用统计方法把各种引用对施引文献的意义视为等同，仅考虑是否在施引文献中出现过。但实际上，不同被引文献在同一施引文献中的被引用频次并不相同，引用强度恰恰能够反映出一篇引文对不同施引文献的影响程度。[2] 一篇参考文献在同一篇施引文献中出现得越频繁，表明其对这篇施引文献的知识渗透力越强大。引用强度是构建引文网络与学术影响力评价的重要参数。

（2）引用位置

在引用位置分析维度，重点研究引文在施引论文中出现的位置与分布，包括在全文各个章节中引用的数量和密度、引用在全文中的相对位置等。[3] 引文内容出现位置的统计分析有助于发现施引者的引用原因和引用行为规律，对不同位置的引用内容分析还有助于发现引文在文献不同位置出现时所表达的意义与功能。

（3）引用情感

在引用情感分析维度，主要通过施引文献的具体引用句进行文本情感分类，反映施引作者对被引文献的真实引用情感状态，一般包括积极、中性和消极情感三类。[4][5] 引用文本的情感分析可用于挖掘复杂的引用动机与引用情感，并开展相应的定量科学评价

① 胡志刚. 全文引文分析方法与应用[D]. 大连：大连理工大学，2014.
② 刘盛博，丁堃，唐德龙. 引用内容分析的理论与方法[J]. 情报理论与实践，2015，38(10)：27-32.
③ 胡志刚. 全文引文分析方法与应用[D]. 大连：大连理工大学，2014.
④ 叶文豪. 学术文本引用行为中的情感特征抽取[D]. 南京：南京农业大学，2018.
⑤ 耿树青. 期刊论文引用内容的情感分析研究[D]. 南京：南京大学，2020.

工作。

（4）引用主题

在引用主题分析维度，主要运用文本数据挖掘和自然语言处理等技术，对施引论文的具体引用句实施数据格式解析、特征词与主题提取、索引链接构建、文本语义解析等。[①] 引文内容的文本分析方法主要涉及主题词与特征词的选择与分类、引文功能与引证主体的确定和归属等，被广泛应用在信息组织与检索、科学知识发现与演化规律分析等领域。

近年来，随着全文本引用内容分析的兴起，其在不同领域中具有丰富的应用场景。

①对期刊、学者、单篇文献等不同科研主体采用定性和定量的学术评价。[②] 通常来说，一篇论文的学术影响力是基于论文所获得的被引频次计数值来计算的。然而，在多年来的实际应用场景中，这种计数思想和评价方式具有诸多问题。在全文本引文内容分析中，便可以很好地解决论文被引计数的难题，通过引文位置、引用强度以及引用情感倾向等，能够更准确地判断被引文献的引文价值和重要性，并直接改进传统基于引用次数的引文评价方法。

②对学科知识演化特征进行细粒度、深层次分析。在传统的引文分析研究中，主要通过标题、关键词、摘要、作者等文献题录信息，发掘文献间的主题关联及知识联系，所得出的结论较为粗略、宏观。在全文本引文内容分析中，研究数据与研究对象为两两文献间的直接引用内容文本，属于两者间直接关联的桥梁，而非通过文献题录信息间接反映的主题关联。通过引文内容分析，可以发现被引文献被施引文献借鉴、参考的具体内容，从而进一步揭示施引论文的研究基础。除此之外，通过引文内容的具体文本分析，还可以直观发现错引、转引、乱引等不规范引用行为，进而更好地反映引

57

① 胡志刚. 全文引文分析方法与应用[D]. 大连：大连理工大学，2014.
② 刘盛博. 科学论文的引用内容分析及其应用[D]. 大连：大连理工大学，2014.

文的真实价值与学术影响力。

在全文本引文分析领域，国内外学者近几年已对其研究框架展开了深入、全面的探讨和实践，值得本研究借鉴。在本书中，三角引用现象的引用情境与引用行为比较复杂，仅通过文献题录信息与外部特征容易忽略施引文献与被引文献在研究内容上的关联性，需要在题录数据研究的基础上引入全文本引文分析方法。本书参考引文内容分析的现有研究框架，选择从引用强度、引用位置、引用情感、引用动机四个角度，对三角引用结构中 B→A、C→A、C→B 三方引用关系的引文内容特征进行分析，从深层次挖掘三角引用结构的内在机制与驱动因素。

2.2.3 引文内容分析步骤

通常情况下，引文内容分析法主要包括 6 个数据处理步骤，①见图 2-2。

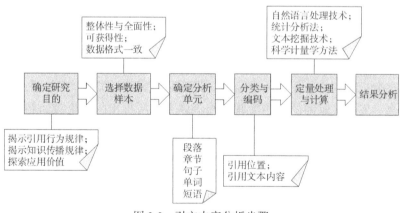

图 2-2 引文内容分析步骤

①明确研究目标，提出研究问题。引文内容分析的研究目的主

---

① 刘盛博，丁堃，唐德龙. 引用内容分析的理论与方法[J]. 情报理论与实践，2015，38(10)：27-32.

要包括：揭示施引者的引用行为规律、揭示引用过程中的知识传播规律、探索引用内容分析的应用价值。

②选择数据样本。根据引用内容分析的研究目标，匹配恰当的文献样本和引用关系。由于期刊格式要求不同，部分科学论文并不会对具体的引用句和引用位置进行标引，仅在文后列明参考文献列表，无法获取具体的引文内容信息。因此，在数据样本选择时，要同时包含被引文献与施引文献充分的信息量、具体的引用位置与内容等。其次，目前还缺乏一种比较全面的数据库给出一篇引文的全部被引用数据与引用内容，因此，在分析过程中应尽量选取信息含量较大、内容体例相同的文献数据库。

③确定分析单元。收集引文内容分析过程中的分析要素：引文内容所在的段落、章节标题、前后相关句，以及具体引用句所包含的单词、名词短语等。

④建立分类和编码。引文内容分析的核心问题是建立分类框架，从分析要素角度，将分析类别主要划分为引用位置和引用文本内容两个大类。其中，引用位置主要包括引文内容所在的段落、章节标题、前后相关句；引用文本内容主要包括具体引用句所包含的单词、名词短语等。

⑤定量处理与计算。运用自然语言处理技术执行编码任务；运用统计分析方法对引用位置类别的编码进行统计分析，如引用强度的计算、引用位置的统计等；运用文本挖掘技术、科学计量学方法对引用文本内容类别的编码进行文本处理与统计，如引用情感的分类、引用主题的分析等。

⑥结果分析。从研究目的和研究问题出发，分析、总结数据统计结果，并得到定性的研究结论。

内容信息提取是指利用自然语言处理技术，在非结构化或半结构化的机器可读文档中，自动抽取结构化内容信息的任务。① 引文

59

---

① Wikipedia. Information extraction［EB/OL］.［2022-02-05］. https：//en. wikipedia. org/w/index. php？ title＝Information_extraction&oldid＝846639803.

内容信息提取过程一般为①：第一步建立数据集。在全文数据库中搜索相关领域的研究文献，然后使用 Python 爬虫程序获取 XML 格式的全文数据并存储于本地。但其中，由于 PDF 格式的全文数据分析往往存在无法分析、可读性较差等弊端，因此引文内容信息的提取结果往往准确性较低。相比之下，XML 数据对论文全文信息进行了预处理，并标明了图表、引文内容和引证情况等信息，从而降低了文献全文数据的复杂度，也有利于引文内容信息的获取和分析。② 然后，进行引文内容的数据抽取。使用 Python 平台编制的引用全文信息抽取程序，提取施引文献、被引文献的元数据信息和引用内容信息，并载入 CSV 文档以进行后续数据处理与分析。

2.3 引用行为相关理论

2.3.1 认可论与说服论

关于科研人员引用行为动机，学界存在两种相互对立的解释，即认可论③与说服论④。其中，认可论认为引文动机来源于知识启蒙，而知识启蒙植根于规范的科学社会学。以默顿为代表的规范科学社会学（Normative Theory）提出，现代科学繁荣的原因在于科学体系独特的精神特征，即普遍主义、公共性、无私主义和有组织的

① 廖君华，刘自强，白如江，等．基于引文内容分析的引用情感识别研究［J］．图书情报工作，2018，62（15）：112-121.

② 耿树青．期刊论文引用内容的情感分析研究［D］．南京：南京大学，2020.

③ Kaplan N. The norms of citation behavior：prolegomena to the footnote［J］．American Documentation，1965，16（3）：179-184.

④ Gilber T G N. Referencing as persuasion［J］．Social Studies of Science，1977，7（1）：113-122.

怀疑主义,①② 这四种精神特征规范着科学界的价值观,约束着科学家的引用行为。相关观点包括:Weinstock 总结了表示谢意、评论前人贡献和提出参考等 15 种引文的成因;③ Vinkler 指出,引文通常是和研究内容的某些特定点相关联的,80%以上的引文是基于学术上的原因而进行的引用。④ 引用是对以往研究成果知识贡献的工具性评价,是科学发明优先权和知识产权的重要社会机制。所以,如果一篇文献的知识贡献度越大,它被其他论文所引用的次数也会更多,通过被引用次数评判一篇文献的学术价值是一种恰当、合理的方法,进而引文分析也是学术评判的一种合法工具。⑤

相反,说服理论认为引文植根于科学知识的建构主义社会学(Social Constructivist View),目的是让读者相信他们研究成果的有效性和价值。以拉图尔为代表的科学知识社会学认为,科学事实的发现和科学知识的生成是一个社会建构的过程,受到各种社会因素和利益因素的制约。⑥⑦ 相关观点包括:默顿认为,引用是由于学者被假定的"科学规范"所影响而形成的行为;⑧ May 认为,引用必

---

① 默顿. 科学社会学:理论与经验研究[M]. 鲁旭东,林聚任,译. 北京:商务印书馆,2003.

② Zhao D, Cappelli A, Johnston L. Functions of uni-and multi-citations: implications for weighted citation analysis[J]. Journal of Data and Information Science,2017,2(1):51-69.

③ Weinstock M. Encyclopedia of Library and Information Science[M]. New York:Marcel Dekker,1971:16-40.

④ Vinkler P. A quasi-quantitative citation model[J]. Scientometric,1987,12(1):47-72.

⑤ Bornmann L, Daniel H. What do citation counts measure? a review of studies on citing behavior[J]. Journal of Documentation,2008,64(1):45-80.

⑥ 布鲁诺. 拉图尔,史蒂夫. 伍尔加. 实验室生活:科学事实的建构过程[M]. 刁小英,张伯霖,译. 北京:东方出版社,2004.

⑦ 布鲁诺. 拉图尔. 科学在行动:怎样在社会中跟随科学家和工程师[M]. 刘文旋,郑开,译. 北京:东方出版社,2005.

⑧ 默顿. 科学社会学:理论与经验研究[M]. 鲁旭东,林聚任,译. 北京:商务印书馆,2003.

须是为科学的、政治的或者个人目的而服务的。① 引文是科学文本中一种社会组织的修辞工具，所有引用关系都指向特定的目标，并为断言提供支持。因此，引文行为是一个社会心理过程的体现，无法脱离个人偏好和社会压力等因素的影响。影响论文被引的原因更多地与作者在学术体系内的层级结构、社会地位和个人声誉相关，而并非论文本身所承载的价值内涵和知识贡献。引用说理理论形成了学术体系内在的层级结构与社会层次，从而又反过来进一步影响并增强作者个体研究成果的被引。说服论从根本上否决了认可论的理论假设，从而也否决了引文评价的有效性和合法性。

认可论与说服论的对立，从另外一个整体角度说明科学家的引用行为是比较复杂的、矛盾的，在引用过程中可能会受到自身心理、学术规范、社会联系等多方面因素的共同作用。这一事实意味着真实的引文数据、有效的引文分析、公正的引文评价工作开展，有必要首先对科学文献间的引用机制、引用行为及其动机展开深入研究与讨论。

2.3.2 最省力法则

最省力法则由著名的社会学家和语言学家 Zipf 在 1949 年发表的《最省力法则：人类行为生态学导论》中提出。② 他认为人类行为存在一种自然规律和普适性规则，其影响着人类个体和群体的选择行为。最省力法则的基本内涵是：一个人在面对多种问题的情况下，通常会综合考虑在当前形势和未来将会可能面临的问题，这些未来将会面临的可能问题是他结合先前的人生经验、认知和思维能力统筹考虑的结论。因此，他将会争取运用最省事、省力的方法去处理面临的问题，这里的问题不只是当前面临的问题，也包含未来

① May K O. Abuses of citation indexing[J]. Science, 1967(5): 889-991.

② Zipf G K. Human behavior and the principle of least effort: an antroduction to human ecology[M]. Ravenio Books, 2016.

有可能出现的问题，他会尽可能运用最小功耗去解决。①

Zipf 统计了英文文献中所用单词的频次，并将频次进行排序，发现符合齐普夫定律，以此发现人类在语言沟通方面存在一种多元化之力与统一化之力的平衡，多元化之力与统一化之力的平衡也是最省力法则发挥作用的结果。在后续的研究中，他将最省力法则模型引申到财富分配和城市人口分布等一些社会问题中，发现它们的分布情况同样遵循齐普夫定律，从而认为最省力法则是一种社会普适性规律，能够对人类个体和群体的选择行为造成广泛的、深入的影响。最省力法则主要表现出以下三个特点：

①人类是理性且利己的。人类个体可以结合周边环境的具体情况以及问题本身，综合考虑、并理性分析，得出对自己最有利的处理措施，从而实现自身利益的最大化，这种利己行为选择通常是普遍的、稳定的。②

②个体做出选择行为是结合自身的人生经历、经验、认知和思维能力。人类最擅长的特点之一就是总结经验、教训，基于先前经验对当前所处形势和周围信息进行思考、判断，同时结合自身知识水平进行选择行为。因此，人类所作出的最利己选择是仅限于自身知识水平、社会认知和经验积累的最优方案，但不是绝对意义上的最优选择。③

③个体的选择除了收益还应考虑成本，即所需付出的努力。其利益的最大化，是综合衡量各种选择情况下所付出努力与取得的回报。

自 Zipf 提出最省力法则后，成为解释众多社会现象和人类行为的重要理论。在论文撰写过程中，科研人员的参考文献选择与引用行为也是一种人类行为，具有社会属性和主观心理因素。最省力

63

① 肖香龙. 基于最省力法则的引用行为研究[D]. 武汉：武汉大学，2018.

② 丁玉洁. 社会学理性选择理论述评[J]. 辽宁行政学院学报，2006（12）：93-94.

③ 伊特韦尔. 新帕尔格雷夫经济学大辞典[M]. 北京：经济科学出版社，1996.

法则认为人们总希望以最小的付出得到最大的收获，一切有目的的行为总是追求"省力""偷懒"。在间接三角引用行为中，文献 C 作者受到跨语言、跨文献类型、跨学科、自引等因素的影响，会不负责任地间接从文献 B 的引文内容中转引文献 A，本书将使用最省力法则解释这一间接三角引用行为与动机。

2.3.3　马太效应

《马太福音》指出："凡有的，必须加给他，叫他有余；而得不到的，连他全部的也要夺过来。"美国知名科学家、科学史研究者 Merton 于 1968 年出版论著《科学界的马太效应》[1]，将对科学技术成就评估和奖赏制度中的不公正分配模式形容为"马太效应"，即：社会上往往对已经拥有一定名望的科学家所授予的殊荣越来越多，但对一些还没成名的科研人员非但不认可他们的成绩，反而还严苛地限定他们赖以付出努力的必要条件。马太效应既真实地概括了人类优势与劣势的积累过程，也体现了当前普遍存在的一种两极分化社会现象，所以常常被人们广泛引申与应用。

科技文献是对人们认识世界的客观记录，是人类科技活动表现的主体形态与成果，受到马太效应的影响和支配。科技文献运动过程中的马太效应主要体现在核心趋势和集中取向两个方面，其在科学文献引用方面的主要表现是：经常被引用的科学文献更容易继续被其他文献引证，而未被引用或很少被引用的科学文献则在未来更不容易被发现和引证。正如 Price 曾指出："一篇常常被引证的学术论文比一篇极少被引证的学术论文更易于再次被引证。"[2]马太效应在科学家这一主体层面同样具有明显的表现。科尔兄弟曾调查美国大学物理学界所发表学术论文的引证状况，发现人们往往偏向于

---

① 默顿．科学社会学：理论与经验研究[M]．鲁旭东，林聚任，译．北京：商务印书馆，2003．

② Price D J D. Citation classic-Little science, big science [J]. Current Contents, 1983(29): 18.

引证那些通常可见的科学家的工作。① 这样，一旦某个科学家在科学成就的积累上取得了某一优势并逐渐建立威信之后，他将会获得人们的信任、同行的尊敬，其科学论著也会以很大的频率被广泛引证，从而不断赢得各种科学声誉，科尔兄弟很形象地将这一现象称为"光环效应"。科学研究还表明，除论文自身被引、作者知名度外，期刊权威度、发表时长等方面的累积同样也是马太效应的表现，都对论文的关注度和被引量有正向的影响作用。②③

马太效应是社会上一种不可避免而又利弊俱现的偏态心理反应，其作用和影响具有双重性。④ 其积极作用包括：

①有助于人们了解科学文献信息聚集与扩散中的一般特点、变化规律与发展趋势，从而为科学论文这一重要信息源的筛选、收集、评估与使用提供有力参考。

②可以防止学术界过早地接受那些还不够完善、成熟的科研成果。

③对研究领域的无名者来说，马太效应具有极大的个人吸引力，可以帮助其努力奋斗，从而促进科学突破和社会进步。

马太效应的消极作用包括：

①容易使科技工作者简单地进行信息选择、评价、传播和利用。

②马太效应所反映的科技文献影响力只是表面的、外在的。一篇学术论文被引用得较多，并不一定意味着其具有很大的学术价值，某些有错误观点或争议的学术论文往往也可以被反复引用。

③推崇名人、否定新人的传统思维惯性不利于新人发展，阻碍

---

① 乔纳森·科尔，斯蒂芬·科尔.科学界的社会分层[M].赵佳苓，顾昕，黄绍林，译.北京：华夏出版社，1989.

② 侯佳伟，黄四林，刘宸.学术论文的"马太效应"——基于 2009 年度 CSSCI 人口学期刊的分析[J].人口与发展，2011，17(5)：96-100.

③ 廖中新.期刊影响因子的马太效应解析[J].出版广角，2017(17)：24-27.

④ 严丽.科技文献运动过程中的"马太效应"[J].情报杂志，2007(3)：77-79.

了科研活动中新思想、新知识、新理论的形成与传播。

马太效应理论表示，作者在写作时倾向于选择引用被认为"重要的""权威的"文献或期刊来证明自身研究的科学价值与知识联系，并避免引用那些相对"不重要"的文献。原始文献 A 在三角引用结构中具有发表时间、科学发现优先权、被引频次累积等方面的优势，往往比中间文献 B 更具有所谓的"权威度"和"社会认可度"。因此，在二者择其一的情况下，文献 C 作者倾向于放弃引用中间文献 B，只引用文献 A。本书将运用马太效应理论解释第五章隐形三角引用行为中文献 C 只引用文献 A、刻意不引文献 B 这一现象。

3 科学文献三角引用的概念
提出与特征分析

3.1 科学文献三角引用概念模型

3.1.1 定义

自 Garfield 建立引文索引以来，引文分析在科学计量学领域发挥了强大的作用，它集成了集合论、图论、聚类分析、多元统计和多种数学方法，通过深入分析文献间的交叉引用关系，在多个研究领域产生了广泛的影响。一方面，基于论文引用关系和引文网络的共被引分析、耦合分析方法等，被广泛应用于学科研究前沿与热点探测、学科知识结构分析等。①②③④ 另一方面，基于论文被引的

---

① 温芳芳．国际化背景下我国图书情报学与世界各国研究相似性的测度与比较——基于 1999—2018 年 Web of Science 论文的耦合分析[J]．情报学报，2020，39(7)：687-697.

② 张金年，罗艳．基于内容的作者研究相似度与潜在合作网络分析——以图书馆学期刊为例[J]．情报科学，2021，39(8)：86-93.

③ Song Y, Wu L, Feng M. A study of differences between all-author bibliographic coupling analysis and all-author co-citation analysis in detecting the intellectual structure of a discipline[J]. The Journal of Academic Librarianship, 2021, 47(3): 102351.

④ Ki E, Pasadeos Y, Ertem-Eray T. The structure and evolution of global public relations: a citation and Co-citation analysis 1983-2019[J]. Public Relations Review, 2021, 47(1): 102012.

计量评价指标，如影响因子、h 指数等，已被广泛应用于学术影响力测度、科研绩效评价等。①②③④ 时至今日，文献间的引文分析理论与方法仍占据着科学计量学的重要地位，为情报研究与科技服务工作提供创新战略、决策支持。

文献直接引用、文献共被引与文献耦合是引文分析中应用最为广泛和成熟的研究方法，同时也是科学计量学中极为重要的研究问题。文献共被引指两篇文献 A、B，同时被第三篇文献 C 引用，即 A、B 同时出现在 C 的参考文献列表中，就认为文献 A、B 建立了共被引关系。Small、Zhang 等通过文献共被引分析方法进行研究前沿识别，⑤⑥ ESI 直到现在也一直在采用共被引分析进行研究前沿探测工作。此外，Wang 等还利用文献共被引评价科学家的学术贡献。⑦ 文献耦合是指两篇文献 B、C，同时引用第三篇文献 A，那么文献 B、C 之间就建立了耦合关系。同样的，文献耦合分析也被广泛应用于研究前沿探测、信息检索、科学结构分析等领域。⑧ 相

① 唐璞妮. p_r(y)指数和 h_r(y)指数在学者学术影响力动态评价中的应用研究——以图情领域为例[J]. 情报理论与实践, 2020, 43(12): 63-67, 41.

② 曾强, 俞立平. 科技评价指标权重分类及对评价的影响研究[J]. 现代情报, 2021, 41(6): 139-148.

③ Moreno-Delgado A, Gorraiz J, Repiso R. Assessing the publication output on country level in the research field communication using Garfield's Impact Factor [J]. Scientometrics, 2021, 126(7): 5983-6000.

④ Maurice P, Sebastian M, Gonzalo H. Robust h-index[J]. Scientometrics, 2021, 126(7): 1969-1981.

⑤ Small H G. Tracking and predicting growth areas in science [J]. Scientometrics, 2006, 68(3): 595-610.

⑥ Zhang B, Ma L, Liu Z. Literature trend identification of sustainable technology innovation: a bibliometric study based on co-citation and main path analysis[J]. Sustainability, 2020, 12(20): 8664.

⑦ Wang F F, Jia C R, Wang X H, et al. Exploring all-author tripartite citation networks: a case study of gene editing[J]. Journal of Informetrics, 2019, 13(3): 856-873.

⑧ Schiebel E. Visualization of research fronts and knowledge bases by three-dimensional areal densities of bibliographically coupled publications and co-citations [J]. Scientometrics, 2012, 91(2): 557-566.

比于前两者，直接引用是最为简单、直接的引用关系，若一篇文献被另一篇文献引用，那么两者就形成了引用—被引用的关系。直接引用分析应用于研究前沿探测的时间较晚，Klavans 和 Royack、Shibata 等曾对其识别效果与探测性能进行过深入研究。①②

在文献直接引用、共被引、耦合研究的基础上，本书将以上三种关系融合到一个引用结构中，提出了另外一种多元的引用结构——科学文献三角引用，见图 3-1。在科学文献三角引用关系中形成了一种相对稳固的三角结构，其中既包含直接引用关系，又包含文献耦合与共被引关系。科学文献三角引用(triangular citation in literature)被定义为：若文献 A 与文献 B 之间存在引用关系，文献 C 又同时对文献 A 与文献 B 施加引用，那么在文献 A、B、C 三者之间就建立了三角引用关系。

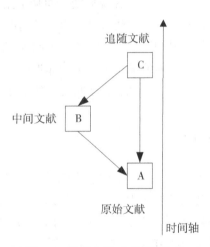

图 3-1　科学文献三角引用结构

① Klavans R, Royack K W. Identifying a better measure of relatedness for mapping science[J]. Journal of the American Society for Information Science and Technology, 2006, 57(2): 251-263.

② Shibata N, Kajikawa Y, Takeda Y, et al. Comparative study on methods of detecting research fronts using different types of citation[J]. Journal of the American Society for Information Science and Technology, 2010, 60(3): 571-580.

三角引用结构中包含了三方文献：A、B、C，以及三条引用被引关系：文献 B 引用 A(B→A)、文献 C 引用 A(C→A)、文献 C 引用 B(C→B)。从引用时间看，文献 B 引用 A 是最早发生的引用关系，其后，文献 C 是在文献 A 与文献 B 正式发表后才对 A、B 进行引用。因此，三方文献的发表时间先后顺序是：A、B、C，三条引用关系发生的时间顺序是：B→A 先发生、接着 C→B 与 C→A 同时发生。根据三方文献在时间轴的分布位置、施引行为和知识传递方向，文献 A 为发表时间最早的文献，且被另外两种文献参考和引用，将文献 A 取名为"原始文献"。文献 B 则是发表于文献 A 与文献 C 之间，既有施引行为，又有被引，将其称为"中间文献"。文献 C 是整个三角引用结构中最后发表的文献，且引用了其余两种文献，将其称为"追随文献"。在这里，追随文献的"追随"是指其在发表时间和施引行为上的客观追随。而从引用动机来看，文献 C 会存在追随与非追随两种主观情况，第一种情况是主观上发生的追随行为，即文献 C 引用文献 A 是通过中间文献 B 的引文内容，进而引用文献 A；第二种情况是主观上的非追随行为，即文献 C 同时引用文献 A 与文献 B，对 A、B 之间既存的引用关系并不知情。

3.1.2　理论价值

　　在过去的几十年里，直接引用、文献耦合与共被引分析对信息科学领域本身及其他领域产生了广泛、深入的影响。理论层面，科学文献三角引用融合了目前这三种重要的引用关系到一个结构中，能够继承三种引文分析方法(直接引文分析、共被引分析和文献耦合分析)在科学计量学研究中的作用和价值，综合反映多元引用关系的多面性，进一步形成一种系统、规范的引用结构。此外，通过对该结构深入挖掘，从多元化角度揭示文献的引用特点与机理、解释学者的引用行为与引用偏好等，进一步丰富引文分析方法与科学评价理论。

　　同时，在科学文献三角引用结构中，随着时序变化，科学研究的延续性使得文献 C 不断更新迭代，从而产生 n 阶多角引用结构，见图 3-2。三角引用在 n 阶不断迭代中形成一张具有广泛性与普遍性的复杂引文网络，三角引用则是这一复杂多层迭代网络的初始静态元结构，相对容易进行分析，一旦对其分析清楚，便能够认识这一多层迭代网络的演化过程、特征和规律。因此，通过对最简化的三角引用结构探索，可为多角引用、复杂引文网络的引用规律研究提供理论参考，进而补充、完善、丰富引文分析方法与科学评价理论。

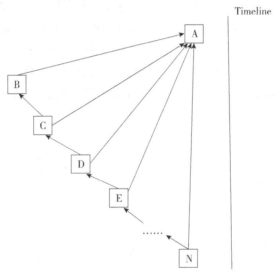

图 3-2 n 阶迭代三角引用结构图

3.1.3 应用价值

71

在应用层面，科学文献三角引用能够从一种多元、特殊的角度揭示文献引用特点、规律、机理与内涵，并服务于科学评价、引文索引、主题聚类等文献情报工作。首先，科学论文间的引用反映了科学研究的动态交互过程，通过文献间紧密的三角引用关系，可以建立知识、文献、学科联系，进行知识结构划分、科学文献聚类、引文推荐等相关应用，为科学家和决策者提供一种新视角来理解科学前沿、科学演化等。同时，通过挖掘文献三角引用结构中影响力的传递过程、引用行为的内在动机，进而为基于引用的文献影响力评价方法提供改进思路，有效发挥引文在学术评价中的功能。

第二，通过三角引用模型探索具体的、客观的引用行为、引用动机、引用情境，并应用到科学引用偏好、科学影响力传播等领域，进而从引文生态学角度规避学术界的恶性引用机制与不规范引用行为，促进学术生态系统良性循环。

第三，科学文献三角引用概念还可以推广到与文献相关的各种特征对象上，形成各种类型的三角引用概念，如关键词三角引用、作者三角引用、期刊三角引用、国家/地区三角引用、研究机构三角引用、主题三角引用等。以关键词三角引用结构分析为例，见图3-3，通过对不同科学主体的三角引用关系研究，发现知识地图所反映的不同信息和作用。

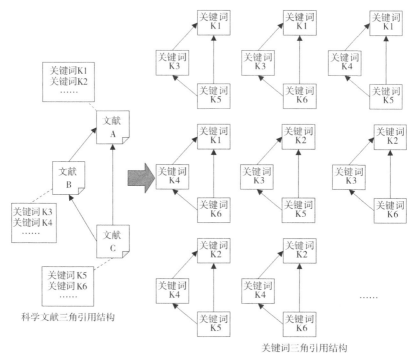

图 3-3 关键词三角引用结构图

▤ 3.2　文献三角引用关系的覆盖率分析

3.2.1　数据集构建

　　首先，本节建立了三角引用关系的提取方法，并通过获取大数据量的三角引用数据来探究其中的文献特征，以深入认识、理解该结构的特殊性、代表性和研究价值，指导其在科学计量研究中的应用与实践。

　　作为一项新的文献引用概念，首要的也是最重要的问题是找到其在引文网络中的覆盖比例。只有确定科学文献三角引用结构在实际引文网络中的存在和覆盖范围，才能保证"科学文献三角引用结构"相关研究的可行性与意义，才能客观突出本书的研究贡献与价值。其次，基于数据集和文献题录信息，构建文献特征提取框架，挖掘三角引用结构与现象的多面特征。

　　本章的研究思路设计如图 3-4 所示。

　　三角引用关系的获取是从原始文献 A 入手，寻找中间文献 B 和追随文献 C，以确定以文献 A 为原始文献的三角引用数据。具体步骤如下：首先，采集引用文献 A 的所有施引文献，得到中间文献集合 $\{B_0、B_1、B_2、\cdots、B_i\cdots\}$，即多个 "B→A" 的引用关系对。其次，分别采集中间文献集合中每个文献 B 的施引文献。最后，获取 A 的施引文献与 B_i 的施引文献中相同的文献，所得到的相同文献就是追随文献集合 C_i，即 "C_i→A"，同时 "C_i→B_i"。那么，文献 A、B_i 与集合 C_i 中的每个文献就组成了三角引用关系。

　　本章选择中国学术期刊网络出版总库 CNKI 作为数据来源。考虑到在 CNKI 数据库中期刊论文、学位论文具有结构化的引文数据和题录信息，选用 2015—2020 年 "图书情报与数字图书馆" 类目下、被引频次最高的前 50 篇期刊论文和 50 篇学位论文作为原始文献，并参考以上三角引用数据的获取步骤，从这 50 篇高被引期刊

73

论文和50篇高被引学位论文入手，采集三角引用数据样本，数据爬取工具为Python。

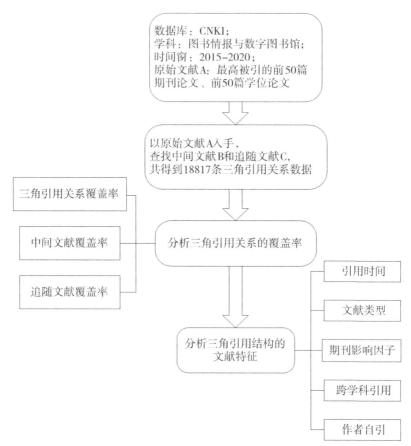

图 3-4　基于三角引用结构的文献特征分析框架

三角引用覆盖率：建立三角引用覆盖率、中间文献覆盖率、追随文献覆盖率指标，来测度在一篇原始文献 A 中，三角引用的发生率，见式3-1、式3-2、式3-3。

$$三角引用关系覆盖率 = \frac{三角引用关系的个数}{原始文献 A 的被引数量} \quad (3\text{-}1)$$

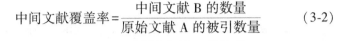

$$中间文献覆盖率 = \frac{中间文献\ B\ 的数量}{原始文献\ A\ 的被引数量} \quad (3\text{-}2)$$

$$追随文献覆盖率 = \frac{追随文献\ C\ 的数量}{原始文献\ A\ 的被引数量} \quad (3\text{-}3)$$

3.2.2 覆盖率计算结果分析

本章以 50 篇高被引期刊论文和 50 篇高被引学位论文作为原始文献，发现了 18817 条三角引用关系，其中期刊论文共 17757 条，学位论文共 1060 条。表 3-1 与表 3-2 中列出了原始文献 A 的被引数量、以 A 为起点的三角引用个数、中间文献和追随文献数量、计算得到的三角引用关系覆盖率、中间文献覆盖率、追随文献覆盖率共 7 个统计量。其中，表 3-1 为期刊类型原始文献的统计数据，表 3-2 为学位原始文献的统计数据，表中序号按原始文献 A 的被引数量降序排列，表 3-3 中还列出了三种覆盖率的描述性统计值。

表 3-1　　　　期刊原始文献的三角引用覆盖率统计数据

序号	原始文献被引数量	三角引用个数	中间文献数量	追随文献数量	三角引用关系覆盖率	中间文献覆盖率	追随文献覆盖率
1	1486	2414	466	848	1.62	0.31	0.57
2	666	882	219	359	1.32	0.33	0.54
3	631	186	66	151	0.29	0.10	0.24
4	528	569	135	298	1.08	0.26	0.56
5	512	528	153	248	1.03	0.30	0.48
6	486	588	152	236	1.21	0.31	0.49
7	484	103	56	77	0.21	0.12	0.16
8	460	313	95	183	0.68	0.21	0.40
9	459	313	103	187	0.68	0.22	0.41
10	450	244	88	157	0.54	0.20	0.35

序号	原始文献被引数量	三角引用个数	中间文献数量	追随文献数量	三角引用关系覆盖率	中间文献覆盖率	追随文献覆盖率
11	442	12	10	11	0.03	0.02	0.02
12	436	362	91	181	0.83	0.21	0.42
13	403	605	117	227	1.50	0.29	0.56
14	394	332	96	169	0.84	0.24	0.43
15	392	381	102	175	0.97	0.26	0.45
16	384	1083	140	296	2.82	0.36	0.77
17	381	453	112	185	1.19	0.29	0.49
18	377	147	70	105	0.39	0.19	0.28
19	376	469	111	194	1.25	0.30	0.52
20	374	891	123	246	2.38	0.33	0.66
21	360	485	124	192	1.35	0.34	0.53
22	357	333	94	154	0.93	0.26	0.43
23	355	193	68	112	0.54	0.19	0.32
24	353	457	109	176	1.29	0.31	0.50
25	333	132	33	97	0.40	0.10	0.29
26	328	543	104	179	1.66	0.32	0.55
27	328	239	69	116	0.73	0.21	0.35
28	321	91	31	74	0.28	0.10	0.23
29	320	81	45	61	0.25	0.14	0.19
30	319	715	149	193	2.24	0.47	0.61
31	317	58	30	52	0.18	0.09	0.16
32	301	159	60	119	0.53	0.20	0.40
33	299	331	63	153	1.11	0.21	0.51
34	292	194	62	94	0.66	0.21	0.32
35	291	351	107	144	1.21	0.37	0.49

续表

序号	原始文献被引数量	三角引用个数	中间文献数量	追随文献数量	三角引用关系覆盖率	中间文献覆盖率	追随文献覆盖率
36	290	158	59	101	0.54	0.20	0.35
37	288	255	56	161	0.89	0.19	0.56
38	287	21	16	19	0.07	0.06	0.07
39	286	195	63	121	0.68	0.22	0.42
40	277	124	55	73	0.45	0.20	0.26
41	276	72	31	62	0.26	0.11	0.22
42	274	281	65	120	1.03	0.24	0.44
43	274	280	62	143	1.02	0.23	0.52
44	272	142	51	109	0.52	0.19	0.40
45	270	131	47	79	0.49	0.17	0.29
46	270	257	63	144	0.95	0.23	0.53
47	270	132	46	92	0.49	0.17	0.34
48	261	111	41	77	0.43	0.16	0.30
49	260	345	85	136	1.33	0.33	0.52
50	258	16	14	16	0.06	0.05	0.06

表 3-2   学位原始文献的三角引用覆盖率统计数据

序号	原始文献被引数量	三角引用个数	中间文献数量	追随文献数量	三角引用关系覆盖率	中间文献覆盖率	追随文献覆盖率
1	165	35	19	29	0.21	0.12	0.18
2	158	28	12	27	0.18	0.08	0.17
3	153	23	17	18	0.15	0.11	0.12
4	145	52	27	36	0.36	0.19	0.25
5	116	36	19	27	0.31	0.16	0.23
6	100	29	18	21	0.29	0.18	0.21

续表

序号	原始文献被引数量	三角引用个数	中间文献数量	追随文献数量	三角引用关系覆盖率	中间文献覆盖率	追随文献覆盖率
7	100	2	2	2	0.02	0.02	0.02
8	87	35	17	28	0.40	0.20	0.32
9	86	4	3	3	0.05	0.03	0.03
10	84	108	32	36	1.29	0.38	0.43
11	81	19	16	14	0.23	0.20	0.17
12	73	37	19	23	0.51	0.26	0.32
13	72	40	21	25	0.56	0.29	0.35
14	69	19	15	14	0.28	0.22	0.20
15	67	14	11	14	0.21	0.16	0.21
16	67	55	17	26	0.82	0.25	0.39
17	62	19	7	13	0.31	0.11	0.21
18	62	32	13	14	0.52	0.21	0.23
19	61	9	8	6	0.15	0.13	0.10
20	60	25	9	14	0.42	0.15	0.23
21	59	37	15	17	0.63	0.25	0.29
22	58	26	16	14	0.45	0.28	0.24
23	57	15	10	11	0.26	0.18	0.19
24	57	11	5	10	0.19	0.09	0.18
25	56	34	19	17	0.61	0.34	0.30
26	55	1	1	1	0.02	0.02	0.02
27	54	9	7	8	0.17	0.13	0.15
28	53	4	3	4	0.08	0.06	0.08
29	53	16	12	12	0.30	0.23	0.23
30	53	19	14	12	0.36	0.26	0.23
31	53	12	9	7	0.23	0.17	0.13

续表

序号	原始文献被引数量	三角引用个数	中间文献数量	追随文献数量	三角引用关系覆盖率	中间文献覆盖率	追随文献覆盖率
32	52	18	9	15	0.35	0.17	0.29
33	52	6	4	5	0.12	0.08	0.10
34	52	4	4	4	0.08	0.08	0.08
35	52	8	5	7	0.15	0.10	0.13
36	51	5	4	5	0.10	0.08	0.10
37	50	13	9	9	0.26	0.18	0.18
38	49	3	3	3	0.06	0.06	0.06
39	48	13	7	11	0.27	0.15	0.23
40	48	14	12	10	0.29	0.25	0.21
41	48	1	1	1	0.02	0.02	0.02
42	47	27	13	16	0.57	0.28	0.34
43	47	4	3	4	0.09	0.06	0.09
44	46	50	17	23	1.09	0.37	0.50
45	46	0	0	0	0.00	0.00	0.00
46	45	3	3	3	0.07	0.07	0.07
47	45	2	2	2	0.04	0.04	0.04
48	45	28	17	14	0.62	0.38	0.31
49	44	31	9	21	0.70	0.20	0.48
50	44	25	16	17	0.57	0.36	0.39

表 3-3　　　　三角引用关系覆盖率的描述性统计

统计指标		个案数	最小值	最大值	平均值	标准差
全部	三角引用关系覆盖率	100	0	2.82	0.595	0.535
	中间文献覆盖率	100	0	0.47	0.195	0.101
	追随文献覆盖率	100	0	0.77	0.230	0.173

统计指标		个案数	最小值	最大值	平均值	标准差
期刊论文	三角引用关系覆盖率	50	0.3	2.82	0.869	0.593
	中间文献覆盖率	50	0.2	0.47	0.222	0.092
	追随文献覆盖率	50	0.2	0.77	0.399	0.159
学位论文	三角引用关系覆盖率	50	0	1.29	0.320	0.271
	中间文献覆盖率	50	0	0.38	0.168	0.103
	追随文献覆盖率	50	0	0.50	0.201	0.122

从表 3-1、表 3-2、表 3-3 的统计结果可以发现，无论是三角引用关系覆盖率，还是中间文献和追随文献的覆盖率都比较高，三者的均值分别为 59.5%、19.5%、30%。因此，在实际的科学研究中广泛存在三角引用关系和现象，且在文献引文网络中以高比例覆盖。

此外，期刊类型原始文献的三种覆盖率明显高于学位论文，两者的均值统计量差距悬殊。其中，38% 的期刊原始文献的三角引用关系覆盖率高于 100%，最高值达到了 282%，即 1 篇中间文献或 1 篇追随文献交叉活跃在多个三角引用关系中。这可能得益于在中文文献引文网络中，中国学者更倾向于引用期刊类型的参考文献。另一方面，较多的施引文献意味着可能产生数量更多、更复杂的引用关系。相比于学位原始文献，期刊原始文献较高的被引次数也是导致其三角引用更活跃的一个原因。

最后，通过 Pearson 相关分析，计算表 3-1、表 3-2 中三角引用个数、中间文献数量、追随文献数量以及三角引用关系覆盖率、中间文献覆盖率、追随文献覆盖率 6 个统计量与原始文献被引数量的相关性。实验结果显示：原始文献被引数量与以上 6 个变量的相关系数分别是 0.841[**]、0.908[**]、0.919[**]、0.498[**]、0.275[**]、0.520[**]，在 0.01 水平上均显著相关。因此，三角引用关系在引文网络中的活跃度、覆盖程度与原始文献的被引数量密切相关。

3.3 文献三角引用结构的特征分析

3.3.1 文献特征分析项提取

本章从题录信息角度，对文献引用特征与影响因素的相关文献调研，总结了文献引用的相关因素包括：引用时间、文献类型、语种、学科领域、研究主题、来源期刊影响因子、作者自引等。[1][2][3][4][5] 综合考量本研究的数据源与研究对象，选择从引用时间、文献类型、来源期刊影响因子、跨学科引用、作者自引5个角度分析三角引用结构中的文献特征与引用特征，表3-4分别列出了五项文献特征的选择依据。

表 3-4 　　　　　　　　　　 **文献特征项的选择依据**

特征名称	特征选择依据
引用时间	时间因素是文献引用研究中经常需要考虑的一个重要因素和研究角度。从引用时间视角分析，可以了解三角引用结构中三种不同引用关系在引用时间上的反应程度，还可以发现知识在三角引用结构中的传播与引用速度。

① 胡一尘．基于 Web of Science 大规模文献数据的高引论文的影响因素研究[D]．重庆：西南大学，2020.

② 胡泽文，任萍，崔静静．图书情报与档案管理期刊论文首次响应时间的影响因素研究[J]．情报杂志，2022(4)：202-206.

③ 耿骞，景然，靳健，罗清扬．学术论文引用预测及影响因素分析[J]．图书情报工作，2018，62(14)：29-40.

④ Bornmann L, Marx W. The wisdom of citing scientists[J]. Journal of the American Society for Information Science and Technology, 2014, 65(6)：1288-1292.

⑤ Tahamtan I, Afshar A, Ahamdzadeh K. Factors affecting number of citations：a comprehensive review of the literature[J]. Scientometrics, 2016, 107 (3)：1195-1225.

特征名称	特征选择依据
文献类型	作为知识的载体，科技文献呈现出各种不同的文献类型，按出版形式可划分为：期刊论文、学位论文、会议论文、图书、论文集、专利、技术报告、标准、科技档案、报纸、政府出版物、网络出版物等。① 以上不同文献类型各有特色，在相应的文化、技术领域充当着重要的知识载体和信息载体，同时在学术交流、知识演化中也承担着各不相同的重要角色和重要功能。通过从文献类型角度分析，可以考察在三角引用结构中，不同文献类型对引用行为偏好的影响，还可以发现三角引用关系中文献资源的主要形式。
来源期刊影响因子	在三角引用结构中，受发表时序影响，A、B、C三种文献在被引优势上存在明显递减规律，因此文献自身的影响力和被引频次指标并无研究意义。期刊影响因子是科学计量学中一项重要的定量评价指标。现有研究表明，论文质量与其所在期刊影响因子是互为因果的关系，② 因此在同行评议的监督下，期刊影响因子一般能够间接反映该期刊上发表论文的质量水平。本文选择从文献来源期刊的影响因子角度分析，能够消除文献发表时长因素的影响，发现三角引用结构中文献之间的影响因子、学术质量的变化规律。
跨学科引用	学科差异是科学计量研究中需要考虑的一个重要因素。随着信息技术与知识体系的现代化发展，各学科研究主题不仅随时间变化在学科内部持续深化，同时学科互相之间也会产生越来越多的交叉与联系，跨学科现象越来越普遍。③ 其中，跨学科包括跨学科发文与跨学科引用。④ 从跨学科引用角度分析三角引用现象，能够揭示知识在三角引用结构中跨学科流动的规律和趋向。

① 卫军朝，蔚海燕. 基于不同文献类型的知识演化研究[J]. 情报科学，2011，29(11)：1742-1746.

② Ding J D, Xie R X, Liu C, et al. The weighted impact factor：the paper evaluation index based on the citation ratio [J]. Aslib Journal of Information Management，2022，74(1)：37-53.

③ 刘小慧，李长玲，崔斌，等. 基于闭合式非相关知识发现的潜在跨学科合作研究主题识别——以情报学与计算机科学为例[J]. 情报理论与实践，2017，40(9)：71-76.

④ 李江. "跨学科性"的概念框架与测度[J]. 图书情报知识，2014(3)：87-93.

特征名称	特征选择依据
作者自引	科学文献的引用与被引用能够体现科学知识的连续性和继承性,学者不仅会引用其他学者的相关文献,还可能对自己前期的研究成果进一步延伸和扩展,产生自引。虽然作者自引在文献计量分析中一直处于争议状态,但不可否认,从知识扩散角度,合理的作者自引比他引具有更强的知识连续性与继承性。通过从作者自引角度分析,能够揭示三角引用结构中作者自引的倾向特征,进而发现三类文献之间的知识继承与主题演化规律。

基于以上 5 个维度,构建三角引用结构的文献特征提取与分析步骤。

(1)引用时间特征

采集原始文献 A、中间文献 B、追随文献 C 发表的年份,即 year(A)、year(B)、year(C),计算三种文献的发表时间间隔:① year(B-A)、②year(C-B)、③year(C-A),以探究三角引用关系在引用时间上的分布特征。

(2)文献类型特征

采集原始文献 A、中间文献 B、追随文献 C 的文献类型,并将文献类型特征划分为以下 5 类:①A、B、C 均为同一种文献类型;②A、B、C 属于三种不同的文献类型;③A 与 B 的文献类型相同,但与 C 不同;④A 与 C 的文献类型相同,但与 B 不同;⑤B 与 C 的文献类型相同,但与 A 不同。一方面,探究在一个三角引用关系中,A、B、C 的文献类型有何不同;另一方面,探究三角引用关系倾向于发生在哪种类型的文献中。

(3)期刊影响因子特征

采集原始文献 A、中间文献 B、追随文献 C 所在期刊的影响因子,分别用 IF(A)、IF(B)、IF(C)表示。学位论文、会议论文等文献类型没有期刊影响因子,只选取期刊论文的文献数据进行影响因子特征分析。计算三种文献 A、B、C 的影响因子差异：①IF(A-B)；②IF(B-C)；③IF(A-C)。通过比较在 B→A、C→B、C→A 三种引用关系中影响因子的变化，发现三角引用结构内文献质量分布与变化的具体特征。

(4)跨学科特征

本书尝试对原始文献 A、中间文献 B、追随文献 C 所属学科类别进行划分，以探究在三角引用关系中，是否存在跨学科引用倾向，以及跨学科引用倾向于发生在 B→A、C→B、C→A 哪种引用关系中。对于期刊论文的学科划分，参考《中国科技期刊引证报告》中对 6230 种中文期刊的学科分类(共 8 个学科大类，124 个学科小类)，根据文献 A、B、C 所在期刊，匹配其所属学科。对于学位论文、会议论文、英文期刊论文等的学科划分，基于文献标题、所在期刊、摘要信息进行人工判读。本章已将原始文献 A 限定在 LIS 学科领域，因此根据文献 B 与文献 C 是否属于 LIS 学科，将三角引用的跨学科特征分为以下几类：①A 仅与 B 存在跨学科引用；②A 仅与 C 存在跨学科引用；③A 与 B、C 同时跨学科引用。

(5)作者自引特征

采集原始文献 A、中间文献 B、追随文献 C 的全部合著者数据，若一篇文献中任何一个或多个作者，也参与发表了另外一篇文献，则认定这两篇文献之间有作者自引现象。统计在 A、B、C 三种文献中出现自引的四种情况：①A 与 B 出现了作者自引；②B 与 C 出现了作者自引；③A 与 C 出现了作者自引；④A、B、C 之间都出现了作者自引。基于自引的统计数据，探究在三角引用关系中，作者是否具有自引倾向，自引更倾向于发生在 B→A、C→B、C→A 哪种引用关系中。

3.3.2 文献特征分析结果

(1)引用时间特征

统计 18817 条三角引用关系中三方文献的发表时间间隔：year

（B-A）、year（C-B）、year（C-A）。图 3-5 显示了不同时间间隔下对应的三角引用关系数量，三种时间间隔用对应深浅度线条描绘。

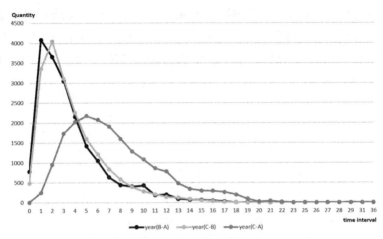

图 3-5　三角引用关系的文献引用时间分布图

观察图 3-5 可以发现，在三角引用结构中，三方引用关系的引用时间大致呈现出正态分布。从引用峰值来看：year（B-A）的数量分布是以 1 年为高峰，近 73% 的文献 B 引用文献 A 的时间在 4 年以内。year（C-B）的数量分布是以 2 年为高峰，且文献 C 在 4 年内引用文献 B 的数量也达到了 70% 左右。与前两者相比，文献 C 与文献 A 的时差 year（C-A）分布则整体上偏大一些，其数量分布峰值出现在 5 年，并且仅有 26% 的 year（C-A）分布在 4 年内。

从引用时差极端值看：在 18817 条三角引用关系中，仅有 4 个文献 C 在同年内对 A 施加引用，而文献 B 与 A、文献 C 与 B 在同年内引用的数量达到了 782 条和 485 条。另外，对于最大值，很少有 year（B-A）、year（C-B）分布在 18 年之后，而有近 400 个 year（C-A）在 18 年以上。

因此，year（B-A）与 year（C-B）两者的差距较小，引用时间反应均比较快。而对于 year（C-A），不仅与前两种引用关系差距较大，并且与 Price 等提出的文献一般引用峰值——两年也存在较大

85

差距。从知识内化与外化角度看，论文引用需要经过学者的阅读、消化、吸收、施加引用、同行评议、正式发表这一漫长过程。追随文献 C 同时引用文献 A 和文献 B，因此 C 引用 A 的时滞中包含了两次知识的生产时间，如图 3-6 所示，不仅需要经过文献 C 对文献 B 的知识内化与外化，还要经过文献 B 对文献 A 的知识内化与外化过程。因此，文献 A 与文献 C 的引用时滞明显大于 A 与 B、B 与 C 两种关系。

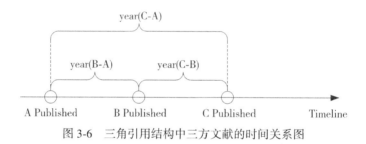

图 3-6　三角引用结构中三方文献的时间关系图

（2）文献类型特征

统计 18817 条三角引用关系中 A、B、C 的文献类型，并计算不同组合类别的数量与覆盖率，统计数据显示在表 3-5 中。其中，以期刊论文为原始文献获得的三角引用数量（17757 条）与学位论文（1060 条）差距悬殊，在本节将这两个数据集分开进行分析与对比。

表 3-5　　　　　　　三角引用关系的文献类型分布统计

文献类型			数量（条）	覆盖率（%）
原始文献 A	中间文献 B	追随文献 C		
期刊	期刊	期刊	10553	59.43
期刊	期刊	学位	5189	29.22
期刊	学位	学位	1402	7.90
期刊	学位	期刊	401	2.26

续表

文献类型			数量(条)	覆盖率(%)
原始文献 A	中间文献 B	追随文献 C		
期刊	期刊	会议	200	1.13
期刊	会议	期刊	5	0.03
期刊	会议	学位	4	0.02
期刊	学位	会议	2	0.01
期刊	会议	会议	1	0.01
学位	学位	学位	357	33.68
学位	期刊	学位	314	29.62
学位	期刊	期刊	286	26.98
学位	学位	期刊	94	8.87
学位	期刊	会议	7	0.66
学位	会议	学位	1	0.09
学位	期刊	专利	1	0.09

在三角引用结构中，A、B、C 三种文献的文献类型主要以期刊论文、学位论文、会议论文为主。通过表 3-5 的数据可以看到，三角引用数据中有较多的期刊论文、学位论文，少量的会议论文，此外在追随文献中还出现了一篇专利文献。期刊论文、学位论文、会议论文作为众多学科的主要科研成果与文献记录，在科学传播与交流中发挥着十分重要的作用，同时在科学引用中也占有绝对的数量优势。因此，大部分三角引用关系也倾向发生在期刊论文、学位论文、会议论文这三类比较重要的文献中。

其次，在同一个三角引用结构中，文献 A-B-C 的文献类型更倾向于同种文献类型。并且，期刊原始文献中 B-C 的文献类型及其覆盖比例与学位原始文献的统计结果具有较高的一致性。在表

3-5 的期刊原始文献与学位原始文献两个数据集中，文献类型覆盖率最高的组合是期刊-期刊-期刊、学位-学位-学位，分别占到了59.43% 与 33.68% 两个较高的比例。因此，大部分三角引用关系更倾向于发生在 A-B-C 是同种类型的文献组合中。另外，对比期刊原始文献与学位原始文献两个数据集的 B-C 文献类型组合，可以发现两个数据集中占比最高的前五种文献组合是相似的，依次是期刊-期刊(学位-学位)、期刊-学位、学位-学位(期刊-期刊)、学位-期刊、期刊-会议。因此，无论原始文献 A 是期刊论文还是学位论文，B-C 的文献类型在数量分布上是相对固定的。

(3)期刊影响因子特征

在 18817 条三角引用关系中，筛选出属于期刊论文、且具有期刊影响因子数据的 15939 条 B→A、10801 条 B→C、10927 条 C→A，并根据 CNKI 期刊检索库，统计论文所在期刊的复合影响因子，计算 IF(A-B)、IF(B-C)、IF(A-C)。根据三种影响因子之差范围 [7.5，−6.5]，图 3-7 将影响因子之差划分为以 1 为间隔的 14 个区间，不同区间下对应的纵坐标即为相应的三角引用关系数量。

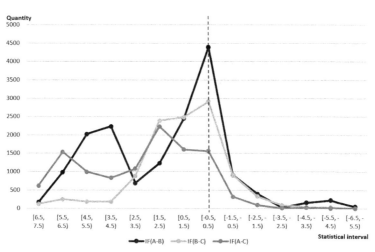

图 3-7　三角引用关系中影响因子变化分布图

在三角引用关系中，文献 A→文献 B→文献 C 的期刊影响因子呈现递减规律，且文献 A 与文献 C 的差异明显高于 A 与 B、B 与 C 两种关系。以图 3-7 中［-0.5，0.5）区间为分界线，可以看到 IF(A-B)、IF(B-C)、IF(A-C)以绝对数量优势分布在左侧，统计以上三种影响因子之差大于或等于-0.5 的相对比例，分别是 88.90%，86.99%，95.70%。因此，在大多数的三角引用关系中，A、B、C 三种文献的影响因子数值一般规律为：IF(A)≥IF(B)≥IF(C)。

从文献 A、文献 C 的间接引用关系看，IF(A-B)与 IF(B-C)的峰值均出现在［-0.5，0.5）区间中，意味着 A 与 B、B 与 C 之间的影响因子差距较小，不足 0.5。反观 IF(A-C)，其峰值则出现在［1.5，2.5）区间上。最后，以［-0.5，0.5）区间为基准线，可以看到 IF(A-C)在左侧正值区间的数量分布比 IF(A-B)、IF(B-C)更均匀，即 IF(A)>IF(C)，且差值较大；同时在右侧负值区域，IF(A-C)的数量分布明显少于 IF(A-B)、IF(B-C)，即 IF(A)<IF(C)的三角引用数据相对较少。因此，在大多数三角引用关系中，文献 A 的影响因子一般大于文献 C，且两者之间的差异较大。

文献 A、文献 B、文献 C 三者之间的影响因子变化规律，从一定程度上间接反映了三方文献的质量水平。不同期刊的质量和影响力一般存在一定程度的差异，当某个研究领域的学者做出一项比较重要或新颖的发现时，他往往优先考虑在该领域质量较高的期刊上发表该项研究，而这些高质量期刊一般具有较高的复合影响因子。[1] CNKI 数据库期刊复合影响因子的计算是基于期刊论文、博硕士论文、书籍、专利、会议论文等综合统计来源，可以充分反映期刊在相关学科与研究领域的学术影响，[2] 也可以间接反映期刊发表论文的质量。因此，在大部分三角引用结构中，A→B→C 的文

89

---

① 李长玲，刘运梅，刘小慧. 基于影响因子的 p 指数改进与性能探讨 [J]. 情报科学，2018，36(9)：57-61，88.

② 伍军红. 复合影响因子与期刊影响力评价[J]. 编辑学报，2011，23 (6)：552-554.

献质量水平一般也是呈现递减规律的。

（4）学科特征

以期刊学科分类指南和人工判读、标注两种方式，为 18817 条三角引用关系的文献 A、文献 B、文献 C 划分学科。由于原始文献 A 的学科在数据样本获取中已被限定为 LIS 领域，因此只需要标记文献 B 与文献 C 中不属于 LIS 领域的数据，并统计每篇原始文献 A 中，仅有文献 B 不属于 LIS 领域的数量（B-A 跨学科引用）、仅有文献 C 不属于 LIS 领域的数量（C-A 跨学科引用）、文献 B 与文献 C 都不属于 LIS 领域的数量（BC-A 跨学科引用）。统计结果以散点图的形式显示在图 3-8（50 篇期刊原始文献）和图 3-9（50 篇学位原始文献）。其中，横坐标为 50 篇期刊原始文献或学位原始文献的编号，纵坐标为对应 B-A、C-A、BC-A 跨学科引用的数量。

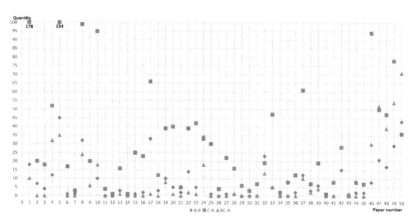

图 3-8　期刊原始文献的三角引用跨学科分布图

对于以期刊论文为原始文献的三角引用，倾向于在 C→A 发生跨学科引用，其次为 B→A，文献 B 与文献 C 同时跨学科引用 A 的情况最少。观察图 3-8 的跨学科数量分布图，可以看到大部分原始文献（80%）的 C→A 跨学科数量最多，而 BC→A 的数量相对最少。

对于以学位论文为原始文献的三角引用则存在较少的跨学科引

用关系，且没有较明显的 B→A、C→A 或 BC→A 的跨学科引用规律。在图 3-9 中，跨学科数量普遍较低，从最高值看，仅有序号 4、43 两篇原始文献的跨学科引用数量超过 15。从零值数量看，50 篇原始文献的 B→A、C→A、BC→A 的跨学科零值率分别达到了 54%、42%、72%。

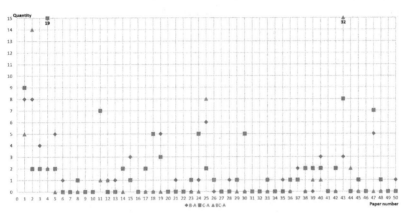

图 3-9 学位原始文献的三角引用跨学科分布图

另外，统计 18817 条三角引用关系中跨学科引用所涉及的学科，发现在三角引用结构中，与图书情报领域发生跨学科引用的学科主要有医药卫生、体育、经济与管理、新闻出版、语言文字、教育、农业科学等。这与邱均平和余厚强、冯志刚等从知识输入与输出角度的 LIS 领域跨学科研究结果基本一致。[1][2]

(5)作者/团队自引特征

标记 18817 条三角引用关系中文献 A、B、C 之间有作者/团队自引关系的数据，其中，团队自引的判定方式为出现过至少一次合

91

---

① 邱均平，余厚强. 跨学科发文视角下我国图书情报学跨学科研究态势分析[J]. 情报理论与实践，2013，36(5)：5-10.

② 冯志刚，李长玲，刘小慧，等. 基于引用与被引用文献信息的图书情报学跨学科性分析[J]. 情报科学，2018，36(3)：105-111.

著关系即为团队成员，若文献 M 的作者 m 在另外一篇文献中与作者 n 有合著关系，那么 n 参与的另外一篇文献 N 中即使没有作者 m 参与，仍认定为文献 M 与文献 N 之间存在团队自引现象。统计 50 篇期刊原始文献、50 篇学位原始文献的 A 与 B 作者自引、B 与 C 作者自引、A 与 C 作者自引、ABC 同时作者自引四种自引情况的数据。统计结果用散点图显示在图 3-10、图 3-11，横坐标为 50 篇期刊原始文献或学位原始文献的编号，纵坐标为对应原始文献四种作者自引情况的分布数量。

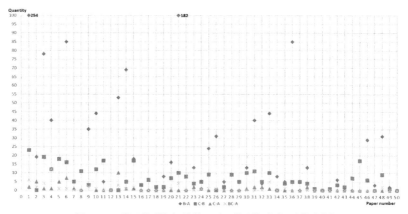

图 3-10　期刊原始文献的三角引用作者自引分布图

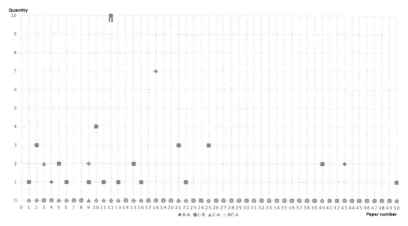

图 3-11　学位原始文献的三角引用作者自引分布图

在以期刊论文为原始文献的三角引用关系中，作者倾向于在B→A进行自引；对于学位论文，作者倾向于在C→B进行自引。观察图3-10的作者自引分布图，可以看到B→A的自引数量明显高于其他三种情况，序号2与21的原始文献甚至达到了254条和182条。相比之下，C→B、BC→A的作者自引数量普遍较少，大部分为零或位于零值附近。因此，在大部分期刊原始文献的三角引用中，文献A与文献B多为传承性或相似性研究，它们容易共同被其他研究者或团队引用。

观察图3-11，作者自引相对较多的是C→B，而对于其他三种自引关系，有90%以上的B→A、C→A、BC→A作者自引数量均为零值。因此，在大部分学位原始文献的三角引用中，文献B与文献C多为传承性或相似性研究，它们倾向于共同引用系统性和完整性较高的学位论文。

综上，无论是期刊论文还是学位论文的作者自引，更倾向发生在文献A与文献B或文献B与文献C之间，而在文献A与文献C之间却难以产生作者自引联系。因此，从作者自引角度看，三角引用中的原始文献A与追随文献C之间存在一种自引障碍。

📚 3.4　本章小结

本章提出了一种融合文献直接引用、耦合与共被引的引用结构——科学文献三角引用，指出其理论价值与应用价值所在，并定义三角引用中的三方文献——原始文献A、中间文献B、追随文献C。其次，以高被引期刊论文、高被引学位论文为原始文献入手，获取三角引用的数据样本，发现三角引用关系广泛存在于文献引文网络中，覆盖率超过了1/2。因此，科学文献三角引用为科学计量学提供了一个特殊的研究视角，可用于挖掘隐性的文献关系、引用机制，具有一定的理论价值与应用空间。

为挖掘科学文献三角引用结构的文献特征，本章从文献题录信息视角，对采集到的三角引用数据集文献特征进行分析。首先，在引用时间上，大部分文献A与文献B、文献B与文献C的引用时

间反应较快，而文献 A 与文献 C 具有较长的引用时滞；对于文献
类型特征，A、B、C 三种文献主要以期刊论文、学位论文、会议
论文为主，且大部分 A-B-C 组合倾向于同种文献类型；在影响因
子变化中，文献 A→文献 B→文献 C 一般呈现递减规律，且 A 与 C
之间的差异明显较高；对于期刊原始文献的三角引用，大部分跨学
科倾向于发生在文献 A 与文献 C 之间，而学位原始文献的三角引
用关系中，跨学引用的数量普遍较低；最后，大部分作者自引更倾
向于发生在文献 A 与文献 B 或文献 B 与文献 C 中，而在文献 A 与
文献 C 之间难以发生作者自引。

　　综上数据分析结果，从引用时滞、影响因子之差、跨学科引用
与作者自引等多个角度，C→A 的引用关系与文献特征明显不同于
另外两种直接引用关系(B→A、C→B)。因此，在大部分三角引用
结构中，原始文献 A 与追随文献 C 之间存在一种不可逾越的"鸿
沟"，本书将这一现象称为"间接引用"机制，即：文献 C 通过中间
文献 B，对文献 A 施加间接引用，这种间接引用机制促使了三角引
用关系的产生。

　　以上三角引用现象常常隐藏在实际的科学研究与学术论文撰写
过程中。第一，三角引用结构表现出的转引行为。作者在撰写文献
C 时，通过文献 B 的参考文献列表寻找其他可引用的、主题相似的
参考文献，从而在未阅读原文的情况下，间接对其中的文献 A 施
加转引行为。这其中，文献 C 的作者可能是出于某些主观上的负
面引用动机，如为引用而引用的惰性习惯、增加参考文献数量、文
献 A 的全文获取局限、文献 A 的非母语阅读障碍等。显然，从影
响力评价角度，这种引用行为及其产生的被引频次影响了学术评价
的真实性和公平性。例如，Schneider 和 Costas 在其研究中认为，
出版物不应仅仅是其他高被引文献的追随者，而是必须具有真正的
相关性，他们将文献 C 称为文献 A 的"追随者"，在识别潜在突破
文献时，对这些不相关的"追随者"进行了过滤。①

　　① Schneider J W, Costas R. Identifying potential "breakthrough"
publications using refined citation analyses: three related explorative approaches[J].
Journal of the American Society for Information Science and Technology, 2017, 68
(3): 709-723.

　　第二，三角引用结构引起的马太效应问题。文献 C 的作者受到社会性因素影响，为了达到说服或装饰门面的目的，倾向于引用那些被很多文献 B 引用过的高被引或权威文献 A，从而引起连锁反应，原始文献 A 的被引数量越来越高。在 Hanney 等的研究中发现，研究领域的第一代文献(早期文献)对第二代文献(后期文献)的影响很小。[1] 因此，原始文献 A 实际的高被引频次并不能被用来代表文献在当下的价值与重要性，同时三角引用结构反映的这种马太效应现象，掩盖了文献引用的真实性，也影响了学术评价的公平性。

　　间接引用机制所反映和呈现出的科学文献三角引用结构并不能被简单等同于一般的直接引用关系，其中的转引行为和马太效应问题明显影响了学术评价体系的真实和公正，判断追随文献 C 是否为有效、合理引用尤为重要。但考虑到文献引用情境与态度的高度复杂性，仅仅通过文献题录信息和外部特征分析，无法揭示文献之间在研究内容和研究主题上的关联性，也无法准确判断施引作者的真实引用情境或动机。因此，在下一章中，我们将使用引文内容分析、情感分类技术、引用动机编码与标注等方法，深入挖掘科学文献三角引用结构中的内在机制。

95

---

① 　Hanney S, Frame I, Grant J, et al. From bench to bedside: tracing the payback forwards from basic or early clinical research-a preliminary exercise and proposals for a future study[R]. HERG Research Report No. 31, Health Economics Research Group, Uxbridge: Brunel University, 2003.

4 基于全文本引文内容的文献三角引用机制分析

　　三角引用结构中的引用情境与引用态度比较复杂，一篇论文引用不同参考文献的目的、动机各不相同，不同论文引用同一篇参考文献的动机也是各不相同的。① 例如，在三角引用结构的转引行为中，追随文献 C 作者可能由于某些主观上的负面引用动机，如为引用而引用的惰性习惯、刻意增加参考文献数量、文献 A 的全文获取局限、文献 A 的非母语阅读障碍等。其次，文献 A、文献 B、文献 C 之间的三角引用关系也可能是因三者间相似的研究主题、研究方法等而自然形成的，即文献 C 在引用文献 A 与文献 B 时，对文献 A、文献 B 之间既存的引用关系并不知情。此外，文献 A、文献 B、文献 C 之间可能具有作者自引或团队自引关系，从而在三者之间形成紧密的三角知识传递结构。因此，本章将使用引文内容分析、情感分类技术、引用动机编码与标注等方法，深入挖掘科学文献三角引用结构中的引用机制。

　　百度百科释义中，"机制"是指有机体各要素之间的功能、相互关系和运行方式。由此，引用机制是指文献中复杂而隐蔽的功能、及其相互之间关系。在前一章中，仅仅通过文献题录信息和外部特征分析，只能初步推断"间接引用机制"存在的可能性，无法

---

　　① 段庆锋，潘小换．文献相似性对科学引用偏好的影响实证研究［J］．图书情报工作，2018，62（4）：97-106.

揭示三方文献的功能特征，更无法判断施引文献与被引文献在研究内容上是否具有关联性。全文本引文内容分析是在内容层面对传统引文分析方法的语义增强，更加关注科学文献在内容上的关联以及产生这种关联的背后机理。① 因此，本章将通过全文本引文内容分析的理论与方法，对三角引用现象中三方引用关系的引用强度、引用位置、引用情感、引用动机进行分析，一方面揭示三角引用结构中三方文献的功能性特征，另一方面揭示三方引用之间的相互关系及运行方式，从而发现三角引用结构的引用机制和生成因素。

4.1 引文内容分析框架构建

4.1.1 引用强度

传统的基于著录信息的引文统计分析，将所有引文对施引文献的作用视为等同，而实际上，引文与引用并不是严格的一对一关系，一篇文献可能多次引用同一篇参考文献，一个引用位置上也可以同时引用多篇引文。② 因此，不同被引文献在同一施引文献中的被引频次并不相同，并且如果一篇被引文献在一篇施引文献中出现的次数越多，那么它对这篇施引文献的作用和影响越大。③ 为了深入研究三角引用关系中科学文献的影响力及其相互间的关系，必须从微观层面上分析引用强度，而不是简单地分析引用频次。

本章将统计三角引用结构中 B→A、C→A、C→B 三种引用关系的引用强度，即文献 A 在文献 B 中被提及的次数、文献 A 在文献 C 中被提及的次数、文献 B 在文献 C 中被提及的次数，并依次

---

① 赵蓉英，魏绪秋，王建品．引文分析研究与进展[J]．情报学进展，2018，12(00)：50-80.

② 赵蓉英，曾宪琴，陈必坤．全文本引文分析——引文分析的新发展[J]．图书情报工作，2014，58(9)：129-135.

③ Vieira E S, Gomes J A N F. Citations to scientific articles: its distribution and dependence on the article features[J]. Journal of Informetrics, 2010, 4(1): 1-13.

表示为 CIN(B→A)、CIN(C→A)、CIN(C→B)。通过比较三方引用关系的引用强度大小，发现三角引用结构中 A、B、C 三方文献之间的引用程度及其真实的影响力特征。

4.1.2　引用位置

对引用内容发生位置的统计分析，可以揭示施引者的引用行为规律，同时还可以揭示引文在文献不同位置出现时所体现的学术地位与功能。[①] 引用位置可用引文所在论文章节的绝对位置或引用在参考文献列表中的相对位置两项变量来测度。

（1）引用章节位置

由于论文的元结构存在差异，引文在论文中不同位置起着不同的作用[②]：引言部分的引文多是介绍研究背景；综述部分的引文是介绍相关主题的已有研究，为论文研究奠定基础；方法部分中的引文则是对已有方法的证实或修正，用于支持论文的方法设计；结论部分的引文是强调研究结果的意义和不足之处；讨论中出现的引文是将论文的发现与被引文献的结论联系起来，并对它们的不同之处进行解释。本书综合考虑以上论文结构功能，将引用位置划分为"引言""综述""方法""结论"和"讨论"五个部分。获取每条三角引用关系中，文献 A 在文献 B 中的引用位置、文献 A 在文献 C 中的引用位置、文献 B 在文献 C 中的引用位置，分别表示为 CAP(B→A)、CAP（C→A）、CAP(C→B)。一方面，探索三角引用关系更倾向于发生在五种引用位置中的哪一种；另一方面，比较在三角引用结构内，三方引用关系的 CAP(B→A)、CAP（C→A）、CAP（C→B)有

---

① Zhang C Z, Liu L F, Wang Y Z. Characterizing references from different disciplines: a perspective of citation content analysis[J]. Journal of Informetrics, 2021, 15(2): 101134.

② 尹莉, 邓红梅. 自引的新评价——引用极性、引用位置和引用密度的视角[J]. 情报杂志, 2019, 38(9): 180-184, 179.

何异同，发现三角引用结构中的引用模式和引用功能特征。

（2）引用相对顺序

引文除了在论文章节结构中具有绝对位置，在论文所有参考文献中也有被引用的先后顺序之分。目前有研究发现，引文的重要性在通常情况下与其在施引文献中的引用顺序成正比例相关，论文作者往往倾向优先引用相对重要的文献。① 因此，本书还利用引文所在引用序号在所有参考文献中的相对顺序，建立引用相对顺序指标，以测度该引文在施引文献中的相对位置。采集在三角引用关系中的 5 个变量：文献 B 的参考文献数量、文献 C 的参考文献数量、文献 A 在文献 B 的参考文献中的序号、文献 A 在文献 C 的参考文献中的序号、文献 B 在文献 C 的参考文献中的序号，并基于以上 5 个变量，计算引用相对顺序指标 CRP。CRP 数值越小，表明该引文的被引用位置越靠前；反之，则表明该引文的被引用位置越靠后。B→A、C→A、C→B 的引用相对顺序指标分别用 CRP（B→A）、CRP（C→A）、CRP（C→B）表示，计算公式如下：

$$CRP(B \rightarrow A) = \frac{A \text{ 在 B 中的被引序号}}{B \text{ 的参考文献数量}} \tag{4-1}$$

$$CRP(C \rightarrow A) = \frac{A \text{ 在 C 中的被引序号}}{C \text{ 的参考文献数量}} \tag{4-2}$$

$$CRP(C \rightarrow B) = \frac{B \text{ 在 C 中的被引序号}}{C \text{ 的参考文献数量}} \tag{4-3}$$

4.1.3 引用情感

引用文本内容是指施引文献引用参考文献时所使用的文本内容，通常包含一句话或几句话。② 本书选择从引用文本内容中测度

---

① 胡志刚，陈超美，刘则渊，等．从基于引文到基于引用——一种统计引文总被引次数的新方法[J]．图书情报工作，2013，57（21）：5-10.

② Wang M Y, Leng D T, Ren J J, et al. Sentiment classification based on linguistic patterns in citation context[J]. Current Science, 2019, 117(4)：606-616.

引用情感极性,以发现三角引用结构内部的引用情感与引用动机。引用内容中的引用情感表明了施引作者对所引用文献的情感态度,能够直接、鲜明地反映施引作者的引用动机。引用情感一般划分为正向引用、负向引用、中性引用三种类型,其中,正向引用表示对被引文献持支持态度;负向引用表示否定态度;中性引用则表示一种中立的态度。参考彭秋茹等的引用情感分类规则,① 判断每条三角引用结构中,B→A、C→A、C→B 三方引用关系的引用情感倾向,分别表示为 CEM(B→A)、CEM(C→A)、CEM(C→B)。通过分析不同引用关系的引用情感极性,不仅可以发现三角引用结构中的引用情感动机,还可以揭示三角引用结构内三方文献的真实影响力。

4.1.4 引用动机

引用动机是指施引作者对参考文献的引用目的,通常可被视为作者理性的心理行为,在引用过程中会受到自身心理、知识启迪、学术规范、社会联系等多方面因素的共同作用。②③ 因此,引用动机可从一定程度上揭示三角引用结构内作者在不同引用关系中的心理动机,从而发现其中的文献功能及其相互间的运行机制。本书从引用动机编码与标注方法入手,对科学文献三角引用结构内具体的引用动机展开调查与分析。首先,根据现有引用动机的相关研究,构建引用动机的编码框架;其次,获取一定数量的三角引用关系数据,组织本学科专业人员根据具体的引文内容和构建的动机分类框架,对采集到的三角引用关系进行引用动机标注、分类;最后,根

① 彭秋茹,阎素兰,黄水清.基于全文本分析的引文指标研究——以 F1000 推荐论文为例[J].信息资源管理学报,2019,9(4):82-88.

② 刘宇,李武.引文评价合法性研究——基于引文功能和引用动机研究的综合考察[J].南京大学学报(哲学·人文科学·社会科学版),2013,50(6):137-148,157.

③ 刘茜,王健,王剑,等.引文位置时序变化研究及其认知解释[J].情报杂志,2013,32(5):166-169,184.

据标注结果，分析三角引用现象中的引用动机分布情况，揭示三角引用结构内部隐含的驱动因素和引用机制。

对目前国内外有关引用动机的研究成果进行梳理、总结、分类，构建引用动机编码框架。其中，根据引用动机的性质，将其分为功能性引用动机和情感性引用动机两大类，并在此基础上进一步对两种类别继续细化、分类，具体分类框架与参考文献来源见表4-1。其中，情感性引用动机区别于4.1.3的引用情感极性，引用情感极性是从粗粒度分析引用文本的正负情感倾向，而情感性引用动机则从细粒度对引用情感中的不同动机进行分类，能够从中发现被引文献被引用的原因及其在施引文献中发挥的功能。此外，该引用动机编码框架不仅适用于三角引用关系的动机标注实验，同时也可应用于其他引用关系的动机分类与标注研究中。

表 4-1　　　　　　　　　　　引用动机编码框架

性质	引用动机分类		参考来源
功能性引用动机	参考文献提供了背景信息	参考文献是本研究领域近期发表的代表性文献，引用参考文献说明现有文献未涉及该论题，阐明该论题的新颖性或前沿性	文献①②③
		引用参考文献的相关事实或数据，说明该研究主题的重要性或必要性	
	采用了参考文献中提出的新概念、新观点或新方法等		文献④⑤
	为综述、评论以前的文献而引用		
	验证参考资料中的数据、公式、方法、工具等		

① Garfield E. Can citation indexing be automated? [J]. Essays of an Information Scientist, 1962(1)：84-90.

② 朱大明. 参考文献的引用动机[J]. 科技导报, 2013, 31(22)：84.

③ 李卓，赵梦圆，柳嘉昊，等. 基于引文内容的图书被引动机研究[J]. 图书与情报, 2019(3)：96-104.

④ 马凤，武夷山. 关于论文引用动机的问卷调查研究——以中国期刊研究界和情报学界为例[J]. 情报杂志, 2009, 28(6)：9-14, 8.

⑤ 邱均平，陈晓宇，何文静. 科研人员论文引用动机及相互影响关系研究[J]. 图书情报工作, 2015, 59(9)：36-44.

续表

性质	引用动机分类		参考来源
功能性引用动机	引用图表等		文献①②
	参考文献提供了用于比较的信息或数据	引述他人的理论、方法、结果或结论，与作者自身进行对比分析	文献③
		作者对参考文献的成果进行总结、评价、否定等	
	在结论或讨论中使用参考文献总结		文献④
	为了自引，使研究具有延续性而引用自己的文献		文献⑤⑥⑦
	举例引用，为研究成果提出实例而引用文献		
情感性引用动机	正面情感	对该领域的开拓者或创始人表示尊重	文献⑧
		对参考文献或其作者的工作表示肯定	

① Chang Y W. A comparison of citation contexts between natural sciences and social sciences and humanities[J]. Scientometrics, 2013, 96(2): 535-553.

② 王文娟，马建霞，陈春，等. 引文文本分类与实现方法研究综述[J]. 图书情报工作, 2016, 60(6): 118-127.

③ Oppenheim C, Renn S P. Highly cited old papers and the reasons why they continue to be cited[J]. Journal of the American Society for Information Science, 1978, 29(5): 225-231.

④ Sen S K. A theoretical glance at citation process[J]. International Forum on Information and Documentation, 1990, 15(1): 1-7.

⑤ Bonzi S, Snyder H W. Motivations for citation- a comparison of self-citation and citation to others[J]. Scientometrics, 1991, 21(2): 245-254.

⑥ 陈晓丽. 引文类型比较分析[J]. 图书与情报, 1998(4): 3-5.

⑦ 赖方中. 引文动机分析[J]. 四川警察学院学报, 2009, 21(6): 115-119.

⑧ Garfield E. Can citation indexing be automated? [J]. Essays of an Information Scientist, 1962(1): 84-90.

续表

性质	引用动机分类		参考来源
情感性引用动机	中性情感	用于文献综述	文献①②
		不带情感引述参考文献的概念、观点	
		客观描述参考文献的数据和事件	
	负面情感	指出参考文献中的不足之处，否定参考文献中的观点	文献③
		对参考文献作者的优先权提出异议	

4.2 引文内容抽取与指标计算

4.2.1 引文内容信息抽取

在前一章，以 50 篇高被引期刊论文和 50 篇高被引学位论文作为原始文献入手，共发现了 18817 条三角引用关系。在 18817 条三角引用关系中，原始文献 A 共 100 篇，中间文献 B 共 4958 篇，追随文献 C 共 8575 篇。为了统计和计算三角引用结构的引文内容和引用位置数据，首先利用 Python 爬虫程序获取 B→A、C→A、C→B 三种引用关系的施引文献 XML 格式全文数据，并保存至本地，即 4958 篇文献 B 和 8575 篇文献 C 的 XML 格式全文数据。其次，进行引文内容抽取。利用 Python 平台编写引文全文信息抽取程序，从 XML 结构化数据中提取出每组三角引用关系中 B→A、

103

① Vinkler P. A quasi-quantitative citation model[J]. Scientometrics，1987，12(1)：47-72.

② 彭秋茹，阎素兰，黄水清. 基于全文本分析的引文指标研究——以 F1000 推荐论文为例[J]. 信息资源管理学报，2019，9(4)：82-88.

③ Garfield E. Can citation indexing be automated? [J]. Essays of an Information Scientist，1962(1)：84-90.

C→A、C→B 施引文献与被引文献的元数据信息、引用位置信息、引文内容信息，并将其写入 CSV 文件供后续分析。其中，由于部分文献在 CNKI 平台无 XML 格式全文数据，手动下载并获取其引文内容信息。此外，还有 1582 篇文献的全文中仅有参考文献信息，在原文未标记具体的引用位置，因此无法获取这些文献具体的引文位置和引文内容数据，本书将这些文献所在引用关系的相关数据填为空值。基于引用强度、引用位置与引用情感三个维度的引文内容分析框架和分析指标如图 4-1 所示。

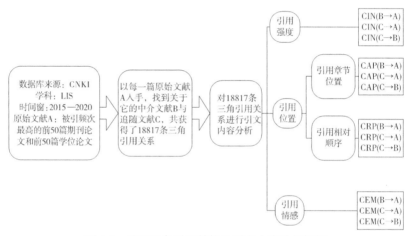

图 4-1　基于三角引用结构的引文内容分析框架

4.2.2　引用动机标注

在引用动机标注实验中，考虑到人工标注、分类的工作量，选择数据样本中的前 20 篇期刊论文及其相关三角引用数据作为数据分析对象，进行三角引用结构的引用动机标注实验与分析工作。以这 20 篇高被引期刊论文入手，共采集到 10875 条三角引用关系，即前文 18817 条三角引用关系中的 10875 条。表 4-2 列出了关于原始文献 A 的三角引用关系统计量。

表 4-2   关于原始文献 A 的三角引用关系统计数据

原始文献序号	原始文献被引数量	中间文献数量	追随文献数量	三角引用个数
1	1486	466	848	2414
2	666	219	359	882
3	631	66	151	186
4	528	135	298	569
5	512	153	248	528
6	486	152	236	588
7	484	56	77	103
8	460	95	183	313
9	459	103	187	313
10	450	88	157	244
11	442	10	11	12
12	436	91	181	362
13	403	117	227	605
14	394	96	169	332
15	392	102	175	381
16	384	140	296	1083
18	377	70	105	147
19	376	111	194	469
20	374	123	246	891
加总	10121	2505	4533	10875

如表 4-2 所示，在 10875 条三角引用关系中，原始文献 A 共 20
篇，中间文献 B 共 2505 篇，追随文献 C 共 4533 篇。为了提取三角
引用关系中的具体引用位置和引文内容数据，利用 Python 爬虫程
序获取 B→A、C→A、C→B 三种引用关系的施引文献全文信息，
即 2505 篇文献 B 和 4533 篇文献 C 的 XML 格式全文数据。其中，

有 648 篇文献的全文中仅有参考文献信息，在原文未标注具体的引用位置，无法获取这些文献的引文位置和引文内容数据，将这些文献所在引用关系的相关数据填为空值，共剩余 9442 条可供实验分析的三角引用关系数据。

接下来，邀请两名图书情报学领域专业的科研人员参照前文预设的引用动机编码框架和每条三角引用数据中的 B→A、C→A、C→B 三个引用文本内容，进行引用动机标注工作。其中，标注原则一是：每条引用—被引关系必须同时包含功能性与情感性引用动机；标注原则二是：每一条引用—被引关系可对应功能性引用或情感性引用中的一个或多个引用动机。为保证标注实验的可靠性，随机选取 10%（944 条）的三角引用关系数据作为对两名标注人员的测试，两个标注人员的 Cohen kappa 系数为 0.75，表明他们之间有实质性的协议，① 这些分歧通过讨论得到了解决。然后，剩下 90% 的三角引用数据由两位编码人员平均完成。

4.2.3 引文内容分析指标计算与结果统计

（1）引用强度计算结果

获取 18817 条三角引用关系中，文献 A 分别在文献 B 和文献 C 全文中被提及的次数，以及文献 B 在文献 C 全文中被提及的次数，即 B→A、C→A、C→B 的引用强度。表 4-3 分别计算了 18817 条三角引用关系中 B→A、C→A、C→B 的平均引用强度，以及所有引用关系的平均引用强度。表 4-4 将引用强度分成了 1、2、3、4 和 [5，∞) 共 5 个区间，统计了 B→A、C→A、C→B 三种引用关系的引用强度数值分布。另外，为了对比本书的实验结果，选取胡志刚博士对 JoI（Journal of Informetrics）期刊论文的引用强度研究结果作为参照，在表 4-3 和表 4-4 中列出。

① Viera A J, Garrett J M. Understanding interobserver agreement: the kappa statistic[J]. Family Medicine, 2005, 37(5): 360-363.

表 4-3   三角引用结构的平均引用强度数据

类型	B→A	C→A	C→B	全部	胡志刚的研究结果
平均引用强度	1.459	1.346	1.185	1.326	1.5 左右

表 4-4   三种引用关系的引用强度数值分布与对比

引用强度	CIN(B→A)		CIN(C→A)		CIN(C→B)		胡志刚的研究结果	
	数量	覆盖率%	数量	覆盖率%	数量	覆盖率%	数量	覆盖率%
1	13748	73.06	14393	76.49	15977	84.91	7970	73.58
2	1013	5.38	2290	12.17	1414	7.51	1676	15.47
3	1622	8.62	1089	5.79	603	3.20	614	5.67
4	1023	5.44	220	1.17	109	0.58	263	2.43
$[5,\infty)$	124	0.66	213	1.13	102	0.54	309	2.85
无参考文献标引	1287	6.84	612	3.25	612	3.25		
加总	18817	100	18817	100	18817	100	10832	100

(2) 引用位置统计结果

对于引用章节位置，需要抽取 18817 条三角引用关系中，文献 A 分别在文献 B、文献 C 原文中被引用位置所在的章节标题，以及文献 B 在文献 C 原文中被引用位置所在的章节标题，并结合章节序号及标题信息，将其分类归纳为"引言""综述""方法""结论"和"讨论"五个部分，最终得到 B→A、C→A、C→B 三方引用关系的引用位置，统计结果见表 4-5。

表 4-5　　　　三种引用关系的引用章节位置数量分布

引用位置	CAP(B→A)		CAP(C→A)		CAP(C→B)	
	数量	覆盖率%	数量	覆盖率%	数量	覆盖率%
引言	7928	31.00	4905	20.02	3180	14.74
综述	7580	29.64	8445	34.46	8023	37.19
方法	4850	18.96	7588	30.97	5904	27.37
结论	5171	20.22	3276	13.37	3749	17.38
讨论	47	0.18	290	1.18	717	3.32
加总	25576	100	24504	100	21573	100

为了判断在一个三角引用结构内是否存在引用位置上的倾向性，本书计算了每条三角引用结构内部整体的位置分布。由于三种引用关系分别可以出现在五种引用位置上，因此组合类别共 125（5^3）种，表 4-6 列出了其中出现数量最多的前 20 个引用位置的组合类别。

表 4-6　　　基于引用章节位置的三种引用关系组合数量分布

序号	B→A	C→A	C→B	数量	序号	B→A	C→A	C→B	数量
1	引言	综述	综述	2871	11	方法	方法	综述	827
2	综述	综述	综述	2750	12	引言	引言	综述	819
3	结论	方法	方法	1532	13	引言	方法	引言	783
4	方法	方法	方法	1291	14	引言	引言	方法	756
5	引言	结论	结论	1194	15	综述	方法	综述	669
6	方法	综述	综述	945	16	引言	方法	综述	530
7	引言	方法	方法	921	17	结论	结论	方法	572
8	方法	综述	综述	907	18	结论	结论	结论	517
9	引言	引言	引言	884	19	综述	引言	结论	495
10	综述	方法	方法	851	20	引言	引言	结论	466

(3)引用顺序计算结果

获取 18817 条三角引用关系中，文献 B 的参考文献数量、文献 C 的参考文献数量、文献 A 在 B 的参考文献中的序号，以及文献 A 和 B 分别在 C 的参考文献中的序号，再根据式 4-1、式 4-2、式 4-3 计算三方引用关系的引用相对顺序指标 CRP(B→A)、CRP(C→A)、CRP(C→B)。表 4-7 将引用顺序指标平均划分成以 0.1 为间隔的 10 个区间，并统计了三种引用顺序指标在各个区间的分布数量。

表 4-7　　　三种引用关系的引用相对顺序指标数量分布

引用相对顺序	CRP(B→A)		CRP(C→A)		CRP(C→B)	
	数量	覆盖率%	数量	覆盖率%	数量	覆盖率%
[0,0.1)	3001	17.12	2899	15.92	988	5.43
[0.1,0.2)	2768	15.79	3904	21.45	2122	11.66
[0.2,0.3)	2925	16.69	3350	18.40	2500	13.73
[0.3,0.4)	4811	27.44	1419	7.80	2784	15.29
[0.4,0.5)	794	4.53	1515	8.32	1790	9.83
[0.5,0.6)	637	3.63	1652	9.08	1579	8.68
[0.6,0.7)	492	2.81	510	2.80	1819	9.99
[0.7,0.8)	1407	8.03	982	5.39	1253	6.88
[0.8,0.9)	310	1.77	1266	6.95	1305	7.17
[0.9,1]	385	2.20	708	3.89	2065	11.34
加总	17530	100	18205	100	18205	100

(4)引用情感统计结果

引用情感的识别有利于进一步对三角引用结构与形成机制的分析，本书选择引用标记所在位置的自然句(自然句即，以句号、感叹号、问号或省略号结尾的，可以完整表达一个意思的句子）作为引用文本内容，来分析施引文献的引用语境。参考彭秋茹等的引用情感分类规则，标记18817条三角引用关系中三个引用文本的引用情感，相关统计数据显示在表4-8中。另外，为了参照对比，本书整理了其他学者对文献引用文本的情感分类研究结果，①②③④ 并在表4-8中进行对比。

表 4-8 三种引用关系的引用情感极性数量分布

引用情感	CEM（B→A）		CEM（C→A）		CEM（C→B）		其他学者的研究结果			
	数量	覆盖率%	数量	覆盖率%	数量	覆盖率%	彭秋茹等%	章成志等%	耿树青等%	廖君华等%
正向引用	6107	23.88	5929	24.2	2850	13.21	14	14.40	18.28	20.74
中性引用	19014	74.34	18261	74.52	18130	84.04	85	84.20	79.57	77.82
负向引用	455	1.78	314	1.28	593	2.75	1	1.40	2.15	1.43
加总	25576	100	24504	100	21573	100	100	100	100	100

（5）引用动机统计结果

根据标注结果，分别统计三角引用结构中三方引用关系的功能性引用动机与情感性引用动机分布情况，并计算18种引用动机在9442条三角引用关系中对应的覆盖程度，统计结果见表4-9、表4-10。

① 耿树青，杨建林. 基于引用情感的论文学术影响力评价方法研究[J]. 情报理论与实践，2018，41(12)：93-98.

② 廖君华，刘自强，白如江，等. 基于引文内容分析的引用情感识别研究[J]. 图书情报工作，2018，62(15)：112-121.

③ 彭秋茹，阎素兰，黄水清. 基于全文本分析的引文指标研究——以F1000推荐论文为例[J]. 信息资源管理学报，2019，9(4)：82-88.

④ 章成志，李卓，赵梦圆，等. 基于引文内容的中文图书被引行为研究[J]. 中国图书馆学报，2019，45(241)：96-109.

表 4-9　　　三角引用关系的功能性引用动机标注结果

功能性引用动机分类	数量 (B→A)	覆盖率 (B→A)	数量 (C→A)	覆盖率 (C→A)	数量 (C→B)	覆盖率 (C→B)
引用参考文献说明现有文献未涉及该论题，阐明论题的新颖性或前沿性	729	7.72%	822	8.71%	982	10.4%
引用参考文献的相关事实或数据，说明该研究主题的重要性或必要性	1155	12.23%	1213	12.85%	786	8.32%
采用了参考文献中提出的新概念、新观点或新方法等	1481	15.69%	1292	13.68%	610	6.46%
为综述、评论以前的文献而引用	5954	63.06%	6146	65.09%	7259	76.88%
验证参考文献中的数据、公式、方法	269	2.85%	175	1.85%	520	5.51%
引用图表等	388	4.11%	545	5.77%	452	4.79%
引述他人的方法、结果或结论，与自身进行对比分析	320	3.39%	268	2.84%	426	4.51%
作者对参考文献的成果进行总结、评价、否定等	951	10.07%	1039	11%	1129	11.96%
在结论或讨论中使用参考文献总结	812	8.6%	783	8.29%	906	9.6%
自引，使研究有延续性	956	10.12%	71	0.75%	233	2.47%
举例引用	556	5.89%	421	4.46%	350	3.71%

表 4-10　　　三角引用关系的情感性引用动机标注结果

情感性引用动机分类	数量 (B→A)	覆盖率 (B→A)	数量 (C→A)	覆盖率 (C→A)	数量 (C→B)	覆盖率 (C→B)
对该领域的开拓者表示尊重	872	9.24%	919	9.73%	252	2.67%
对参考文献的工作表示肯定	1940	20.55%	1707	18.08%	986	10.44%

情感性引用动机分类	数量 (B→A)	覆盖率 (B→A)	数量 (C→A)	覆盖率 (C→A)	数量 (C→B)	覆盖率 (C→B)
用于文献综述	3945	41.78%	3232	34.23%	4950	52.43%
不带情感引述参考文献的观点	2428	25.71%	2791	29.56%	2692	28.51%
客观描述参考文献数据和事件	1214	12.86%	1322	14%	1042	11.04%
指出参考文献中的不足之处，或进行否定	302	3.2%	257	2.72%	354	3.75%
对参考文献的优先权提出异议	68	0.72%	83	0.88%	74	0.78%

4.3 三角引用机制中的三方文献功能解析

(1) 文献 A 的被引用强度最大

引用强度可以反映文献间联系的紧密程度，还可以表达引文在施引文献中的重要程度。根据表 4-3、表 4-4 的数据结果，在三角引用结构中三方文献之间的引用关系是相对比较紧密的。胡志刚选取的分析案例是 350 篇 *Journal of Informetrics* 期刊论文的引文数据，① JoI 期刊作为科学计量学领域具有代表性的高影响力和高水平期刊，其被引强度可以在一定程度上代表图情学科比较高的被引标准和水平。显然，参照 JoI 期刊的结果，三角引用关系内部的引用强度与其相差不大。例如，从表 4-3 的平均引用强度来看，JoI 期刊为 1.5，三角引用关系为 1.3。从表 4-4 引用强度的分布来看，三角引用结构的引用强度在各个区间的覆盖率也与 JoI 期刊的计算

---

① 胡志刚. 全文引文分析方法与应用[D]. 大连：大连理工大学，2014.

结果基本一致。因此，在三角引用结构中，三方文献之间的多次引用现象比较普遍，这种高引用强度使文献间形成了相对稳固的、联系紧密的三角结构。

对比 B→A、C→A、C→B 三方引用关系的引用强度，可以发现文献 A 与文献 B 之间的引用强度明显最大，其次是文献 A 与文献 C，而文献 B 与文献 C 的引用强度最低。一方面，说明文献 A 与文献 B 是最早发生的引用关系，也是联系较为密切的引用结构。另一方面，对比 C→A 和 C→B，虽然文献 A 与文献 B 都同时被文献 C 引用，但文献 A 对文献 C 的被引用强度和重要程度明显大于文献 B。因此，在大部分三角引用结构中，原始文献 A 的被引用强度最大，一般是该引用结构内的知识起源者，对文献 B 和文献 C 均产生了较大的影响力和学术价值。

(2) 文献 A 具有优先被引优势

在表4-7中，比较文献 A 与文献 B 的被引用顺序。对于引用关系 B→A，有近八成的文献 A 被引用顺序在前 2/5；同样的，对于引用关系 C→A，也有近65%的文献 A 被引顺序位于前 2/5。然而，文献 B 的被引用顺序位于前 2/5 的数据（C→B）不足 50%。因此，在大部分三角引用结构内，原始文献 A 在文献 B 和文献 C 全文中的被引用顺序均是比较靠前的。

具体比较在同一施引文献中，文献 A 与文献 B 在文献 C 中的被引顺序，可以看到文献 A 的被引用顺序明显比文献 B 更靠前。例如，排在参考文献前 1/10 的引用中，C→A 有 15.92%，而 C→B 仅有 5.43%。引用顺序在前 10%~20% 和 20%~30% 的区域，分别有高达 21.45% 和 18.4% 的 C→A，相比之下 C→B 的比例则比较小，仅占到 11.66% 和 13.73%。因此，在大部分三角引用结构中，发表时间较早的原始文献 A 在被引用顺序上具有明显的优势，其被引用位置比文献 B 更靠前。

通常情况下，在科学论文引用过程中，若一篇论文发表得越早，被引用的位置就越靠前；而越靠前的引用位置，容易给阅读者与引用者造成"先入为主"的印象，将得到更多的关注，从而获得

113

更多的引用，并依此循环。① 因此，在大部分三角引用结构中，原始文献 A 获得了较靠前的引用位置和较多的被引频次。通过对科学文献三角引用的引用顺序分析，本书发现了三角引用结构中文献影响力与引用位置分布特征一致性的规律，可以利用这些特征与规律开展知识发现、文献检索方向的应用研究。例如，通过选取位置靠前的引文来发现经典文献或开创性文献；相反，通过选取位置靠后的引文，可以过滤掉经典文献或高被引文献对发表时间较近、未积累足够被引频次的年轻文献的埋没，发现更多前沿的、突破性的高质量文献。

（3）文献 A 被正面引用的情感最多

在表 4-8 中，三角引用结构内引用关系在正面、中性、负面三种引用情感的分布比例基本与其他学者的研究结果一致，即中性引用与带有情感倾向的正、负引用存在较大差异。施引文献进行引用时的情感大多是隐藏的，通常会引用观点和数据等不带明显情感倾向的内容，绝大部分引用关系的情感为中性。除中性引用外，作者会更倾向于表达正面情感的引用，而进行质疑或否定等负面引用的情况则相对较少。

其次，对比三角引用结构内部三方引用关系的情感标注结果，B→A 与 C→A 的正面引用分别高达 23.88% 和 24.2%，远超 C→B 这一引用关系的正向引用比例，且高于其他学者统计结果中的正向引用比例。文献 B、文献 C 同时对原始文献 A 正向引用的高比例现象，表明在大部分三角引用结构中，文献 A 的学术地位与科研价值高于另外两种文献 B、文献 C，在其所属学科和研究领域一般具有较高的地位和影响力。

（4）从引用动机角度，文献 A 提供新观点、文献 B 作为中介提供知识传输

在表 4-9 与表 4-10 的统计结果中，三角引用结构内的施引行

---

① 胡志刚，陈超美，刘则渊，等．从基于引文到基于引用——一种统计引文总被引次数的新方法［J］．图书情报工作，2013，57（21）：5-10.

为倾向于包含多个功能性引用动机，而情感性引用动机则比较明确，大多具有唯一性。例如：在 9442 条三角引用数据的动机标注结果中，有近 31% 的 B→A 有两个及以上的功能性引用动机，而在一条引用关系中包含两个及以上情感性引用动机的情况仅占 14% 左右。同样的，在引用关系 C→A 中，同时包含两个及以上功能性引用动机的情况超过了 28%，而情感性动机仅有 9% 左右。在 C→B 引用关系中，同时含有两个及以上功能性引用动机的情况高达 35.4%，而情感性动机仅占 9.6%。因此，在作者的施引行为中，参考文献可能会起到多种功能，但作者的施引情感一般是单一的。

进一步详细对比表 4-9 三方引用关系在功能性引用动机中的分布情况，"引用参考文献说明现有文献未涉及该论题，阐明论题的新颖性或前沿性""为综述、评论以前的文献而引用"这两种引用动机在 C→B 中的覆盖范围远高于 B→A 与 C→A，而对于"引用参考文献的相关事实或数据说明该研究主题的重要性或必要性""采用了参考文献中提出的新概念、新观点或新方法等"这些引用动机，B→A 与 C→A 的覆盖率要远高于 C→B。由此说明，在大部分三角引用结构中，原始文献 A 是相关研究主题、领域或学科比较重要的文献，倾向于提供一些新的、开创性的概念、观点或方法；而文献 B 一般起到文献综述、中介桥梁的作用。

进一步详细对比表 4-10 三方引用关系在情感性引用动机中的覆盖范围，研究结果与前一节中基于引文内容的情感极性统计结果基本一致。在三角引用结构中，绝大部分引用情感为中性，相比之下带有情感倾向的正面引用动机要比负面引用动机多一些。除中性引用之外，作者会更倾向于表达正面情感的引用，而进行质疑或否定等负面引用的情况相对较少。对比三角引用结构中三方引用关系在 7 种情感性引用动机中的分布比例，在"对该领域的开拓者或创始人表示尊重""对参考文献或其作者的工作表示肯定"这两种正面引用动机中，B→A 与 C→A 的覆盖比例远超 C→B，但在"用于文献综述"中，C→B 的分布比例远远高于 B→A 与 C→A。因此，在大部分三角引用结构中，文献 B、文献 C 对文献 A 正面引用的高比例，说明文献 A 的科研价值与学术地位一般高于另外两种文献，在其所属学科和研究领域中往往具有较高的影响力和价值。此外，从引用情感动机角度，也可以得到与功能性引用动机一致的结论：文献 B 在三角引用结构中多用于中性的文献综述。

4.4 三角引用机制中的三方引用关系分析

（1）C→B 与 C→A 在引用位置上具有较高的一致性

在表 4-5 中，除讨论部分出现的引用较少外，三角引用关系在其他四种位置上的分布是相对分散的。从中文期刊论文的文章结构来看，大部分研究论文在讨论部分的篇幅相对较少或简略，甚至没有讨论部分，因此，三角引用关系在讨论部分出现的比例相对较小。而对于其他四个章节部分，三角引用关系在各章节的分布是随机的，没有明显的聚集特点。

由表 4-6 可以看到，除"讨论"外，三方引用关系均发生在同一位置的情况，即"综述—综述—综述""方法—方法—方法""引言—引言—引言""结论—结论—结论"都排在了 125 种引用位置组合的前 18 位。因此，在同一个三角引用结构内部，三方引用关系更倾向于在相同的章节位置进行引用，引用位置具有高度的一致性。此外，表 4-6 在数量分布最多的前 10 种组合中，C→A 和 C→B 的引用位置均是相同的，表明大部分追随文献 C 会在论文的同一章节位置中对文献 A 与文献 B 施加引用。因此，从引用章节位置角度看，三角引用结构内部发生的三条引用关系在引用位置上呈现出高度一致性，尤其是在 C→A 和 C→B 两种引用关系之间。

（2）B→A 与 C→A 在引用情感上具有较高的一致性

表 4-8 中可以看到，B→A 和 C→A 在正面、中性、负面三种引用情感中的分布比例高度相似，正面引用比例分别为 23.88% 和 24.2%，中性引用比例分别为 74.34% 和 74.52%，负面引用比例分别为 1.78% 和 1.28%。综上，B→A 和 C→A 引用情感分布比例的差异均在 0.5% 以内，明显区别于 C→B，即文献 C 对文献 A 的引

用语境与文献 B 对文献 A 的引用语境具有较高的一致性。从引用情感维度来看，B→A 和 C→A 引用情境的高度一致，反映了三角引用结构内文献 C 通过中间文献 B 施引文献 A 的"间接引用机制"。

（3）B→A 与 C→A 在引用动机上具有较高的一致性

根据表 4-9 与表 4-10，对比 18 种功能性与情感性引用动机在三方引用关系中的分布情况，B→A 与 C→A 两种引用关系的分布基本一致，而它们的覆盖程度与分布比例与引用关系 C→B 具有显著差别。一方面，具有耦合关系的 B→A 与 C→A，均是文献 B、文献 C 对同一篇文献 A 施加引用，文献 B 与文献 C 在引用主题、引用语境、引用方式上会存在较多的相似之处，从而导致这两种引用关系的动机分布基本一致。另一方面，三方引用关系的动机分布特征反映了文献 A 与文献 C 之间"间接三角引用机制"的存在。根据三角引用结构中三方文献的发表时间先后、以及施引关系发生的先后顺序，若文献 C 是通过文献 B 间接引用原始文献 A，那么文献 C 会在很大程度上参考、借鉴 B→A 的引用主题、引用语境、引用方式等，从而 B→A 与 C→A 的引用功能与引用情感分布出现高度一致。

4.5　本章小结

本章选择从全文本引文内容分析的角度出发，对科学文献三角引用结构内部发生的三方引用关系进行引用强度、引用位置、引用情感、引用动机挖掘与分析，以探索三角引用结构内的文献功能与引用机制。引文内容分析是从论文的内在特征出发，从施引文献的客观文本中抽取被引文献的引文内容，有利于揭示施引文献和被引文献之间的知识关联、被引用原因等，同时也有利于发现被引文献在施引文献中的真实价值与具体功能。

通过对全文本引文内容的深入挖掘，可以发现以下三角引用机制：从引用强度角度看，三角引用内部之间的引用关系联系比较密

117

切，多次引用现象比较普遍；具体到三方引用关系的引用强度对比，CIN(B→A)>CIN(C→A)>CIN(C→B)，原始文献 A 在大部分三角引用结构里的被引用强度和影响力最大。其次，从引用位置角度看，在同一个三角引用结构中，三方引用关系发生的引用位置具有较高的一致性，特别是 C→A 与 C→B 之间；且原始文献 A 在大部分三角引用结构里的被引用顺序最靠前。从引用情感角度，B→A 与 C→A 的引用语境和引用情感具有较大的相似性，且大部分原始文献 A 的正向被引用情感数量最多，具有较高的学术地位和科研价值。最后，从引用动机视角，通过整理已有引用动机的相关文献，总结了一套包含功能性引用动机和情感性引用动机的动机编码框架，并根据具体的引用文本内容信息为每条三角引用数据标注引用动机。实验结果发现：三角引用结构中的施引行为倾向于包含多个功能性引用动机，而情感性引用动机则大多具有唯一性。另外，B→A 与 C→A 两种引用关系的引用动机分布具有较高的一致性，但与 C→B 存在显著差异。

引用强度、引用位置、引用情感、引用动机这四个视角既是独立的，也可以作为一个整体，用于更深入地理解和认识三角引用机制。综合以上四个视角整体来看，三角引用结构中的三方引用关系并不能被简单等同于一般的引用—被引用文献关系，A、B、C 三方文献在三角引用结构中各有不同的功能、角色、影响力和价值，同样的，B→A、C→A、C→B 三种引用关系也各有不同的引用机制和动机。

原始文献 A 作为发表时间最早、被引数量最多、被引用强度最大、被引用位置最靠前、被积极引用数量最多的文献，在三角引用结构中一般是相关研究主题、领域或学科比较重要的、高影响力的文献，倾向于提供一些较新颖的、开创性的概念、观点或方法；中间文献 B 是三角引用机制中关键的一环，多用于文献综述、知识概括等，起到联通作用；追随文献 C 则是三角引用结构中最活跃的施引角色，促使了三角引用关系的产生。

最后，三角引用结构中的 C→A 与 C→B，由于文献 A 与文献 B 在同一篇文献 C 中共被引的联系，在引用位置上大多具有一致

性；而 B→A 与 C→A，由于文献 B 与文献 C 耦合的联系，在引用
情感和引用功能上大多具有高度一致性。因此，在原始文献 A 与
追随文献 C 之间存在一定范围的"间接三角引用机制"，大量追随
文献 C 的间接引用容易导致相应的原始文献 A 被引频次虚高，从
而产生马太效应问题。基于该发现，在下一章中，我们将对这一间
接三角引用机制与引用行为进行深入探究，通过技术手段提前识
别、并排除这些引文相似度较高的不正当引用现象，以增强引文分
析的可靠性。

5 三角引用机制作用下的引用
行为识别与影响因素分析

引用行为动机理论中，认可论与说服论的对立，从整体角度说明科学家的引用行为是比较复杂的、矛盾的，在引用过程中可能会受到自身心理、学术规范、社会联系等多方面因素的共同作用。这一事实意味着真实的引文数据、有效的引文分析、公正的引文评价工作开展，必须首先对科学文献作者的引用行为与动机进行深入研究。早期，科学计量学的先驱们曾就引用动机的分类问题进行了深入探讨，并表达了不同观点。[1][2][3] 2010 年之后，随着全文数据库的出现与完善，引用行为的相关研究转向另一个方向：通过大规模文献数据、机器学习技术对引文内容进行情感分类，引用行为的研究重点也随之转向引用文本内容抽取与自动标注

---

① Garfield E. Citation indexes for science; a new dimension in documentation through association of ideas[J]. Science, 1955, 122(3159): 108-111.

② Moravcsik M J, Murugesan P. Some results on the function and quality of citations[J]. Social Studies of Science, 1975, 5(1): 86-92.

③ Vinkler P. A quasi-quantitative citation model[J]. Scientometrics, 1987, 12(1): 47-72.

框架构建。①②③

除引用行为本身的引用功能或情感外，由负面引用机制引发的不规范引用行为及其对科学文献价值造成的不良影响同样值得关注。早在 2010 年，Peterson 曾在《美国科学院院报》(PNAS)指出科学引文的间接引用机制：一篇新文献的作者仅通过之前引用过原始文献 A 的较新的中间文献 B 中的参考文献列表，从而找到一篇旧文献 A。④ 其中，作者在阅读文献 A 原文的基础上施加引用时，这种间接引用机制可以作为一种参考文献检索的方式和手段。但是，若作者通过这种间接引用机制，在未阅读文献 A 原文、而通过中间文献 B 的引文内容进行引用的行为，便是不规范的转引问题。

在科学研究工作中，论文作者引用参考文献的基本要求是，参考文献必须为作者本人亲自阅读的文献。在早期的编辑工作中，转引问题便被发现并指出，⑤⑥⑦ 转引指施引文献作者由于某些客观或主观因素影响，在没有阅读引文的原文内容前提下，从其他引用

① 　Hernandez-Alvarez M, Gomez J M. Citation impact categorization: for scientific literature [C]//Proceedings of 2015 IEEE International Conference on Computational Science & Engineering, Porto, Portugal, 2015: 307-313.

② 　Wang M Y, Zhang J Q, Jiao S J, et al. Important citation identification by exploiting the syntactic and contextual information of citations[J]. Scientometrics, 2020, 125(3): 2109-2129.

③ 　Roman M, Shahid A, Khan S, et al. Citation intent classification using word embedding[J]. IEEE Access, 2021, 9(1): 9982-9995.

④ 　Peterson G J, Presse S, Dill K A. Nonuniversal power law scaling in the probability distribution of scientific citations [J]. Proceedings of the National Academy of Sciences of the United States of America, 2010, 107 (37): 16023-16027.

⑤ 　刘雪立，刘国伟，王小华. 科技期刊中参照引文的危害及其对策[J]. 中国科技期刊研究，1995，6(2): 57-58.

⑥ 　陈林华. 间接引用参考文献的危害性[J]. 苏州丝绸工学院学报，1998(4): 119-120, 123.

⑦ 　王伟. 信息计量学及其医学应用[M]. 北京：人民卫生出版社，2009.

了该篇引文的文献中转引该引文内容与题录信息的现象。目前，这类转引问题仅停留在现象描述的研究阶段，而未深入转引问题的本质属性，即引用结构、引用动机、影响因素等。转引行为不仅违背了科学论文中参考文献引用的基本要求，还因转引作者缺乏对原始文献全面、系统的理解，而降低论文本身的表达流畅度与科学性。因此，本章运用文本相似度算法、文献特征挖掘等手段对科学文献中的不规范引用行为进行有效识别，并分析其影响因素与危害性，为不规范引用行为治理、不规范引用问题解决提供理论支撑。

5.1 间接三角引用行为

5.1.1 定义描述

文献的间接三角引用机制直接导致的是作者的间接三角引用行为。目前多方研究表明，有些论文作者并没有核查或阅读过他们的参考文献，例如：Evans 等发现三种医学期刊论文的参考文献中，有 48% 的引用都是错误的[①]；Eichorn 和 Yankauer 也发现三种健康期刊论文的 150 个引用中有 1/3 是错误的，其中 1/10 还具有明显的错误。[②] 这些作者可能是在未阅读自己所引用文献原文的情况下，将他人论文中的引文内容和参考文献著录信息直接复制进自己的论文中，从而导致错误的引文信息和引用格式"以讹传讹"[③]。间接三角引用行为的定义为：文献 C 在未阅读文献 A 原文的情况下，

---

① Evans J T, Nadjari H I, Burchell S A. Quotational and reference accuracy in Surgical journals- a continuing peer-review problem[J]. Journal of the American Medical Association, 1990, 263(10): 1353-1354.

② Eichorn P, Yankauer A. Do authors check their references? a survey of accuracy of references in 3 public-health journals[J]. American Journal of Public Health, 1987, 77(8): 1011-1012.

③ 马凤，武夷山. 关于论文引用动机的问卷调查研究——以中国期刊研究界和情报学界为例[J]. 情报杂志, 2009, 28(6): 9-14, 8.

通过中间文献 B 中关于文献 A 的引文，对文献 A 施加了间接引用行为，从而在文献 A、文献 B、文献 C 三者之间产生三角引用关系，间接三角引用行为的示例图见图 5-1。

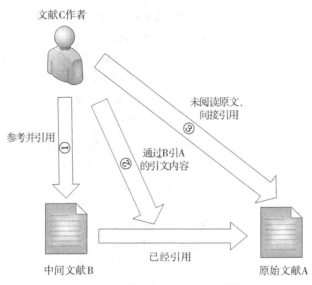

图 5-1　间接三角引用行为示例图

C→A 的间接引用机制是三角引用结构产生的重要驱动因素，并不能被简单等同于一般的直接引用关系，有必要深入挖掘间接引用行为的内在机理与动机，以进一步揭开三角引用这一多元、复杂引用结构的面纱。本节尝试从自引、学术名望、语言、学科等角度，列举 C→A 引用关系中可能发生的引用动机与情境，如表 5-1 所示。

表 5-1　　　　　　三角引用现象中的引用情境分类

C→A 引用类型	C→A 引用情境
不知情引用	文献 C 作者在引用文献 A、文献 B 时，对文献 A 与文献 B 之间引用关系的存在并不知情。

续表

C→A 引用类型	C→A 引用情境
文献 B 的中介——启发作用	文献 C 作者在引用文献 B 时，发现了文献 B 中引用了一篇重要的相关文献，在阅读文献 A 后也对其施加引用。
自引	文献 A、文献 B、文献 C 之间均为同一作者或同一团队的自引，A-B-C 是其连续性研究成果； 文献 B、文献 C 为同一作者或团队的自引，且文献 B、文献 C 都以文献 A 为研究基础开展。
崇引	文献 A 为其研究领域的经典文献或高被引文献，文献 B、文献 C 为装点门面而进行的引用。
转引	文献 A 为非母语文献，文献 C 作者具有阅读惰性或障碍； 文献 A 是不常见的研究文献类型或跨学科文献，文献 C 作者在阅读和理解上比较困难； 文献 C 作者受获取能力、权限影响，在现有资料或全文数据库中无法阅读文献 A 的全文内容； 文献 C 作者受惰性习惯影响，为了迎合编辑部对参考文献条数的要求，投机取巧地从文献 B 中转录参考文献 A。

在表 5-1 中，像自引、崇引、转引等都是文献 C 以文献 B 的引文内容为中介，从而对文献 A 施加引用。此时，文献 C 不仅仅是在发表时间和施引行为上对文献 A、文献 B 的"追随"，在引用动机上也是真实的"追随者"，即文献 C 追随了文献 B 引用文献 A 的施引内容和过程。这些间接引用行为不仅容易使被引文献的原意失真，还有违引文分析作为学术评价工具的真实性、准确性与可信度。①② 挖掘三角引用结构中的间接引用行为和动机尤为重要，同时，判断追随文献 C 是否为有效、合理引用更为重要。因此，本节将引入文本相似度算法，通过测度 C→A 与 B→A 引用文本内容

---

① 张艳芬. 文献转引导致的引文误差实例分析[J]. 医学信息（上旬刊），2011，24（1）：49-50.

② 金铁成. 从著作权法的角度审视学术期刊中的文献转引现象[J]. 科技与出版，2006（4）：65-66.

之间的相似度，判断文献 C 是否是真实的追随者。其次，结合文献特征挖掘，分析导致间接引用行为的影响因素，以揭示三角引用现象隐性的引用行为和引用规律。

5.1.2　数据集描述

科技文献作为知识的载体，呈现出各种类型的文献形式，其中记录的信息内容有其自身的侧重点和特点，在学术交流和知识演进过程中发挥着不同的作用和功能。为了保证文献样本数据的完整性和多样性，在 CNKI 数据库中随机选择中文的期刊论文、学位论文、图书、会议论文、专利文献、网页资料各 20 篇，共 120 篇文献作为原始文献。为了从语言角度进行对比参照，在原始文献中加入 20 篇英文期刊论文。所有原始文献 A 的学科限定为图书情报学领域。

参考三角引用数据的获取步骤，采集引用文献 A 的所有施引文献，得到中间文献集合 $\{\,B_0、B_1、B_2、\cdots、B_i\cdots\,\}$，再分别采集中间文献集合中每个文献 B 的施引文献；最终，获取文献 A 的施引文献与 B_i 的施引文献中相同的文献，得到多组文献 A、B_i、C_i 组成的三角引用关系。以 140 篇文献 A 入手，在 CNKI 数据库中共发现了 27003 条三角引用关系，表 5-2 列出了七种文献类型的原始文献 A 对应的三角引用关系统计量。

在 27003 条三角引用关系中，原始文献 A 共 140 篇，中间文献 B 共 6757 篇，追随文献 C 共 13607 篇。为了测度三角引用关系中引用文本内容的相似度，获取 B→A、C→A 两种引用关系的施引文献全文信息，即 6757 篇文献 B 和 13607 篇文献 C 的 XML 格式全文数据。其中，有 3582 篇文献的全文中仅有参考文献信息，在原文未标记具体的引用位置，无法获取这些文献施加引用的具体引文内容，与它们相关的三角引用关系共 4467 条。本书在实验过程去掉了这些无效引用数据，共剩余 22536 条具有完整引文内容信息的有效三角引用数据。

表 5-2   关于 140 篇原始文献 A 的三角引用关系统计数据

文献类型		原始文献 A 数量	中间文献 B 数量	追随文献 C 数量	三角引用个数
期刊论文	中文	20	2505	4533	10875
	英文	20	3176	7440	13902
学位论文		20	302	390	621
图书		20	299	413	558
会议论文		20	172	205	309
专利		20	98	194	227
网页		20	205	432	511
全部		140	6757	13607	27003

5.1.3   间接三角引用行为识别模型构建

在间接三角引用行为中，文献 C 作者在未阅读、核查文献 A 原文的情况下，通过文献 B 的施引内容进行引用，那么文献 C 引用文献 A 的引文文本会很大程度上与文献 B 引用文献 A 的引文文本出现高度一致。因此，判断间接三角引用行为最直接、有效的方法，就是通过文本相似度计算，比较 B→A 与 C→A 的引文内容之间是否相似。若两个引用内容的文本相似度过大，可以推断在大概率情况下，文献 C 是真实的"追随者"，对文献 A 施加了间接三角引用行为。

文本相似度是表示两个或多个文本之间内容相似度匹配程度的一个度量指标，相似度计算结果越大，表明两两文本之间的内容相似程度越高。① 文本相似度的计算是文献信息检索工具、文献分析软件、文献推荐系统的运算基础与工作原理，同时也是信息检索、网页查重、机器翻译、自动问答系统、新闻推送等应用领域的

---

① 郭庆琳，李艳梅，唐琦. 基于 VSM 的文本相似度计算的研究[J]. 计算机应用研究，2008(11)：3256-3258.

关键技术。①② 为了判断、证实文献 C 是否是真实的追随者,本节将计算 B→A、C→A 两个引用内容之间的文本相似度,并设定相应的阈值。若相似度结果大于阈值,则说明该文献 C 是"追随"了中间文献 B 的引文内容,从而对原始文献 A 施加间接引用行为。其次,对比三角引用关系与非三角引用关系数据集中的文献特征,分析相似度较高的追随文献施加间接引用行为的影响因素与引用情境。

间接三角引用行为的识别与影响因素分析过程如图 5-2 所示。

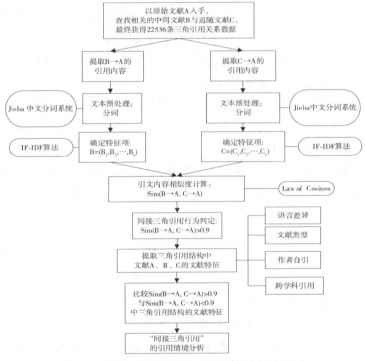

图 5-2　间接三角引用行为的识别与分析流程图

① Cao Y,Liu F,Simpson P,et al. An online question answering system for complex clinical questions[J]. Journal of Biomedical Informatics,2011,44 (2):277-288.

② Hamedani M R,Kim S W,Kim D J. SimCC:a novel method to consider both content and citations for computing similarity of scientific papers[J]. Information Sciences,2016(2):273-292.

①文本预处理。为了便于计算机处理引文内容信息，将22536条三角引用中 B→A、C→A 的引文文本进行预处理。本书选择 jieba 中文分词系统对引用文本进行分词，该工具采用动态规划算法查找最大概率路径和最大切分组合，并基于汉字成词能力的 HMM 模型处理词库中不存在的词，具有运算速度快、召回率和分词精确度高等优势①。

②确定特征项。将分词得到的结果，采用 IF-IDF 方法计算两个引文文本的特征向量，B→A 引文文本的特征向量表示为 $B = (B_1, B_2, \cdots, B_n)$，C→A 引文文本的特征向量表示为 $C = (C_1, C_2, \cdots, C_n)$。这样 B→A 和 C→A 的引用内容可以映射到向量空间 B 和向量空间 C 上，从而将两个引用内容之间的匹配问题转化为向量空间中的向量匹配问题。

③引文内容相似度计算。选择用余弦定理计算两个特征向量 $B = (B_1, B_2, \cdots, B_n)$ 与 $C = (C_1, C_2, \cdots, C_n)$ 之间的相似度。余弦定理通过计算两向量夹角的 cos 值来度量文本间的相似程度，余弦值越接近于1，比较的引文文本越相似。文献 B、文献 C 对原始文献 A 的引用文本相似度用 Sim(B→A，C→A) 表示，计算公式如下②：

$$\text{Sim(B}\rightarrow\text{A, C}\rightarrow\text{A)} = \frac{\sum_{i=1}^{n} B_i \times C_i}{\sqrt{\sum_{i=1}^{n} B_i^2 \times \sum_{i=1}^{n} C_i^2}} \tag{5-1}$$

④确定追随者阈值。根据三角引用结构中文献 B、C 的先后发表顺序，若两者引用文献 A 的引文内容在很大程度上相似，那么文献 C 是参考、转引了文献 B 中关于文献 A 的引文内容。为了最大限度地在文献引用关系数据中识别出追随者行为，保证间接三角引用关系判定结果的准确度、可靠性，本书组织三名图书情报学领

---

① Sun J. Jieba Chinese word segmentation component[EB/OL]. [2022-01-20]. http://github.com/fxsjy/jieba.

② Lin D. An information-theoretic definition of similarity[C]//Proceedings of the 15th International Conference on Machine Learning, 1998.

域专家，基于数据处理过程中的文献特征进行充分讨论后，设定判断间接三角引用的阈值为 0.9，以最大提高间接三角引用行为的识别门槛与分析结果的可靠度。若 Sim(B→A，C→A)≥0.9，则认定为 B→A 与 C→A 的引用内容相似，该文献 C 为追随者，对文献 A 施加了间接三角引用行为；若 Sim(B→A，C→A)<0.9，则文献 C 为"不知情"的非追随者，未进行间接引用行为。

⑤引用特征选择分析。基于对引用特征及其影响因素的研究，①②③④⑤ 总结文献引用的相关影响因素，包括引用时间、文献类型、语言、学科领域、主题背景、期刊影响因子、来源期刊、作者自引等。综合考虑表 5-1 间接三角引用结构中引用情境的分类表，选择从语言、文献类型、跨学科引用与作者自引四个角度探讨间接三角引用行为的影响因素与引用情境。

⑥影响因素分析。为挖掘追随文献 C 施加间接引用行为的影响因素，采用对比参照法进行分析。从语言、文献类型、自引、跨学科等角度，对比引文内容相似度大于 0.9 与小于 0.9 的两组三角引用数据集的文献特征，即通过对追随者 C 所在三角引用结构中特有的文献特征进行提取和分析，发现追随文献 C 施加间接引用行为时的影响因素，进而推断其引用情境。

① 胡一尘. 基于 Web of Science 大规模文献数据的高引论文的影响因素研究[D]. 重庆：西南大学，2020.

② 胡泽文，任萍，崔静静. 图书情报与档案管理期刊论文首次响应时间的影响因素研究[J]. 情报杂志，2022，41(4)：202-207.

③ 耿骞，景然，靳健，罗清扬. 学术论文引用预测及影响因素分析[J]. 图书情报工作，2018，62(14)：29-40.

④ Bornmann L, Marx W. The wisdom of citing scientists[J]. Journal of the American Society for Information Science and Technology, 2014, 65(6): 1288-1292.

⑤ Tahamtan I, Afshar A, Ahamdzadeh K. Factors affecting number of citations: a comprehensive review of the literature[J]. Scientometrics, 2016, 107(3): 1195-1225.

5.1.4 间接三角引用行为识别结果

计算 22536 条三角引用关系 B→A、C→A 两个引用内容之间的文本相似度 Sim(B→A，C→A)，并按照原始文献 A 的文献类型分类统计，表 5-3 列出了七种文献类型的 Sim(B→A，C→A)描述性统计值。其次，根据间接引用行为识别标准：Sim(B→A，C→A)≥0.9，表 5-3 第六、七列还分别统计了对应的间接三角引用数量与覆盖比例。

表 5-3 间接三角引用行为的识别结果

原始文献 A 类型		个案数	最小值	最大值	平均值	间接三角引用数量	间接三角引用覆盖比例
期刊论文	中文	9171	0.001	1	0.522	2488	0.271
	英文	11505	0.003	1	0.714	5978	0.52
学位论文		528	0.007	1	0.668	225	0.426
图书		484	0.015	1	0.802	197	0.407
会议论文		269	0.077	0.995	0.735	124	0.461
专利		174	0.165	0.942	0.774	80	0.46
网页		405	0.023	1	0.854	211	0.521
全部		22536	0.001	1	0.64	9303	0.413

根据表 5-3 引文内容相似度计算结果，三角引用结构中 B→A 与 C→A 的引文内容相似度整体上较高，22536 条三角引用数据的 Sim(B→A，C→A)平均值达到了 0.64。为了与非三角引用结构的引文内容相似度情况对比，本书随机从 CNKI 数据库选择了仅有耦合关系的 100 对中文文献作为参照（即 B、C 都引用了 A，但 B、C 之间未发生引用的情况），计算两两耦合文献之间的引文相似度，平均值结果为 0.523。因此，在研究主题上，三角引用结构中的文献 A、文献 B、文献 C 比非三角引用结构中的文献联系更加紧密。

尽管受间接三角引用机制影响，三角引用结构内的文献大多存在假联系、负面动机等，但鉴于三方文献的高主题相似度，仍可以尝试将三角引用结构应用在主题聚类分析领域，通过文献间的三角引用关系建立知识聚类和学科联系，并进行科学文献结构和科学知识结构研究。

其次，在表5-3的间接三角引用识别结果中，Sim(B→A，C→A)≥0.9的间接引用关系覆盖比例是比较高的，22536条三角引用数据中有41.3%包含间接引用行为。根据文献B、文献C发表时间的先后顺序，这种高引文相似度在大概率情况下，是文献C借鉴了文献B中关于文献A的引文内容，甚至直接原文转引造成的。因此，在三角引用结构中，文献C引用文献A不同于另外两种直接引用关系，两者之间客观存在一种普遍的间接三角引用行为与现象。

5.1.5 间接三角引用行为的影响因素分析

(1)语言差异分析

首先，从文献A的语言差异层面，对间接三角引用行为的影响因素与引用语境分析。根据表5-3前两行数据，对比中文语境与英文语境下期刊论文A所在三角引用的Sim(B→A，C→A)统计结果，文献A为英文语境时，11505个Sim(B→A，C→A)的平均值为0.714，远高于中文语境下的平均值0.522。其次，对比两种语言对应的间接引用行为识别结果，文献A为英文语境时，间接引用行为的存在比例高达52%，而中文语境下的间接引用数量仅占27.1%。

通过Sim(B→A，C→A)均值、间接引用行为覆盖率两个对比结果，说明与文献A的语言差异是追随文献C施加间接三角引用行为的一个影响因素。若原始文献A为非母语语境下的文献，追随文献C的作者会受到非母语阅读和理解障碍，更倾向于参考或复制与其相同语言环境下的文献B中关于文献A的引文内容与著录信息，从而间接引用原始文献A。在这种情境下，C→A的引文内容与B→A的引文内容具有较高的相似性和一致性。

（2）文献类型分析

对比表 5-3 中六种文献类型的 Sim(B→A，C→A)值，不同文献类型对应的 Sim(B→A，C→A)平均值具有较明显的差异。其中，期刊论文与其他文献类型的差异最大，其次为学位论文，而其他四类文献的 Sim(B→A，C→A)均值都比较高，均在 0.7 以上。期刊论文、学位论文作为科学研究工作中的主要文献记录和科学交流中介，在科学引用中占有绝对的数量优势。同时，期刊论文、学位论文的全文信息也是学者们在国内全文数据库中容易获取到的，且在日常科研活动中经常阅览、关注的一类文献资料。相比于前两种文献，图书、专利、网页、会议论文等类型的文献在获取途径上则略有困难。一方面，目前国内还没有成熟、系统的数据库和检索途径来支持图书、会议论文等全文资料的查找。另一方面，在人文社会科学领域的日常文献阅读中，研究者们对此类文献还没有形成广泛的关注和定期的阅览习惯。因此，在引文内容相似度计算结果中，常见的期刊论文、学位论文与图书、专利等其他文献类型表现出显著差异。

关于在三角引用结构内间接引用行为的文献类型引用偏好分析，表 5-4 进一步对文献 B、文献 C 的文献类型分类，并对比其在间接引用即 Sim(B→A，C→A)≥0.9，与非间接引用即 Sim(B→A，C→A)<0.9 两个数据集合中的数量分布和覆盖率。

在表 5-4，对比 33 种 A-B-C 文献类型组合在间接引用与非间接引用两个数据集合中的覆盖率。其中，文献 B、文献 C 为同种文献类型共有 13 种情况，它们在间接引用数据中所占比例全部高于非间接引用，无一例外。而剩余 20 种 B、C 不属于同种文献类型的组合中，非间接引用的覆盖比例则全部高于间接引用数据。同时，像以图书、会议论文、专利文献或网页信息等非常见文献类型为文献 A 的三角引用组合（图书-期刊-期刊、会议-期刊-期刊、专利-期刊-期刊、网页-学位-学位等），它们在间接引用数据集合中所占的比例远高于非间接引用，两组数据差距较为悬殊。因此，在这些 B、C 同属一种文献类型，但与 A 不同文献类型的三角引用结构中，Sim(B→A，C→A)≥0.9 的间接三角引用关系占据了绝大多数，尤其是当文献 A 为非常见类型的文献时。

表 5-4　　间接引用与非间接引用行为的文献类型分布

文献类型			间接三角引用数据集		非间接三角引用数据集	
A	B	C	数量（条）	覆盖率（%）	数量（条）	覆盖率（%）
期刊	期刊	期刊	1559	62.66	3572	53.45
	期刊	学位	445	17.89	2310	34.57
	学位	学位	412	16.56	350	5.24
	学位	期刊	46	1.85	275	4.11
	期刊	会议	24	0.96	168	2.51
	会议	期刊	0	0.00	3	0.04
	会议	学位	1	0.04	3	0.04
	学位	会议	0	0.00	2	0.03
	会议	会议	1	0.04	0	0.00
	加总		2488	100	6683	100
学位	学位	学位	112	49.78	74	24.42
	期刊	学位	32	14.22	117	38.61
	期刊	期刊	63	28.00	72	23.76
	学位	期刊	16	7.11	31	10.23
	期刊	会议	2	0.89	4	1.32
	会议	学位	0	0.00	5	1.65
	加总		225	100	303	100
图书	期刊	期刊	102	51.78	102	35.54
	期刊	学位	26	13.20	109	37.98
	学位	学位	51	25.89	48	16.72
	学位	期刊	18	9.14	25	8.71
	期刊	会议	0	0.00	3	1.05
	加总		197	100	287	100

续表

文献类型			间接三角引用数据集		非间接三角引用数据集	
A	B	C	数量(条)	覆盖率(%)	数量(条)	覆盖率(%)
会议	期刊	期刊	61	49.19	51	35.17
	期刊	学位	24	19.35	53	36.55
	学位	学位	30	24.19	22	15.17
	学位	期刊	7	5.65	14	9.66
	期刊	会议	2	1.61	5	3.45
	加总		124	100	145	100
专利	期刊	期刊	41	51.25	28	29.79
	期刊	学位	8	10.00	33	35.11
	学位	学位	28	35.00	24	25.53
	学位	期刊	3	3.75	9	9.57
	加总		80	100	94	100
网页	期刊	期刊	137	64.93	122	62.89
	期刊	学位	26	12.32	47	24.23
	学位	学位	37	17.54	15	7.73
	学位	期刊	11	5.21	10	5.15
	加总		211	100	194	100

　　文献类型差异角度的分析结果表明，A、B、C 的文献类型差异是追随文献 C 施加间接三角引用行为的一个重要影响因素。追随文献 C 的作者在需要引用一则并非常见文献类型的文献 A 时，容易受到全文获取局限等影响，在浏览与其相同文献类型的文献 B 时，获取与阅读难度则相对较小。在这种情境下，追随文献 C 的作者若出现惰性引用动机，会倾向于参考、复制与其文献类型一致的中间文献 B 中关于原始文献 A 的引文内容，从而对原始文献 A 施加间接引用行为。

(3)跨学科引用分析

学科差异是文献计量研究中需要考虑的一个重要因素和问题。学科研究主题不仅随时间变化会在学科内部产生纵向联系，且在学科之间也会产生越来越多的横向联系，跨学科现象越来越频繁。其中，跨学科包括跨学科发文与跨学科引用。① 因此，在引用过程中的学科差异和学科壁垒将是导致间接三角引用行为发生的可能因素。

通过期刊学科分类指南和人工判读两种方式，为22536条三角引用关系的文献 A、B、C 划分学科。其中，期刊论文的学科划分参考《中国科技期刊引证报告》中对 6230 种中文期刊的学科分类（共 8 个学科大类，124 个学科小类），学位论文、会议论文等其他文献类型则通过人工判读标题等信息划分学科。由于原始文献 A 的学科在数据样本获取过程已被限定为 LIS 领域，只需标记文献 B、C 中不属于 LIS 领域的数据。在表 5-5 中，根据文献 A、B、C 的学科分类，将三角引用结构内的跨学科引用分为无跨学科引用、B→A 与 C→B 跨学科引用、C→A 与 C→B 跨学科引用、B→A 与 C→A 跨学科引用、全部跨学科引用五种情况，并列出了五种跨学科引用情况分别在间接引用与非间接引用两个数据集合中的分布数量与覆盖比例。

表 5-5　　间接引用与非间接引用行为的跨学科引用分布

学科			跨学科引用			间接三角引用数据集		非间接三角引用数据集	
A	B	C	B→A	C→A	C→B	数量（条）	覆盖率（%）	数量（条）	覆盖率（%）
LIS	LIS	LIS	×	×	×	7781	83.64	12094	91.39
LIS	非 LIS	LIS	√	×	√	125	1.34	264	2

---

① 李江."跨学科性"的概念框架与测度[J]. 图书情报知识，2014(3)：87-93.

学科			跨学科引用			间接三角引用数据集		非间接三角引用数据集	
A	B	C	B→A	C→A	C→B	数量（条）	覆盖率（%）	数量（条）	覆盖率（%）
LIS	LIS	非 LIS	×	√	√	209	2.25	246	1.86
LIS	非 LIS	非 LIS,且与B 同一学科	√	√	×	1146	12.32	597	4.51
LIS	非 LIS	非 LIS,且与B 不同学科	√	√	√	42	0.45	32	0.24
加总						9303	100	13233	100

　　根据表 5-5 统计结果,以上五种跨学科引用情况在间接三角引用数据集中的覆盖率与非间接三角引用覆盖率具有明显的差距。其中,差距最大的是文献 B、C 均属于同一学科,但与文献 A 隶属于不同学科的情况(B→A 与 C→A 跨学科引用),其在间接引用数据集中占到了 12.32%,明显高于非间接引用数据集中的比例(4.51%),同时也显著高于间接引用数据集中出现跨学科引用的其他三种情况(分别为 1.34%、2.25% 和 0.45%)。

　　其次,包含 C→A 跨学科引用的另外两种情况(C→A 与 C→B 跨学科引用、全部跨学科引用)在间接引用数据集的比例也均高于非间接引用数据集。然而,剩余两种未出现 C→A 跨学科引用的情况(没有跨学科引用、B→A 与 C→B 跨学科引用)却不同于前面三种,它们在间接引用数据集中占据的比例均小于非间接引用的比例。

　　根据上述对比结果,在 Sim(B→A, C→A)值较高的间接三角引用结构中,更容易发生 C→A 跨学科引用现象,尤其是文献 C 与文献 B 属于同一学科时。因此,学科差异也是追随文献 C 施加间接三角引用行为的一个重要影响因素。具体引用情境为:追随文献 C 作者受到跨学科文献 A 的学科壁垒、文献浏览与理解困难等影响，便通过与其属同一学科的文献 B 中关于 A 的引文内容，对文献 A 施加了间接三角引用行为，从而出现 B→A 与 C→A 引文内容具有较高一致性的现象。

(4)作者/团队自引分析

科学文献的引用与被引用能够体现科学知识的连续性和继承性，一位学者或研究团队不仅会引用其他学者的相关文献，还可能对自己前期的研究成果进一步延伸、拓展，产生自引。虽然作者自引在文献计量分析中一直处于争议状态，[1][2] 但不可否认，从知识扩散的角度，合理、适当的作者自引比他引具有更强的知识延续性与继承性。[3][4][5]

标记 22536 条三角引用关系中文献 A、B、C 之间发生作者自引或团队自引的数据(若一篇文献中任何一个或多个作者，也参与发表了另外一篇文献，则认定这两篇文献之间有作者自引关系)。表 5-6 统计了三角引用结构中出现作者自引的五种情况，包括：无自引、B→A 自引、C→A 自引、C→B 自引、全部自引，并分别计算间接引用、非间接引用行为两个数据集合中出现以上五种自引情况的数量与覆盖率。

① Sandnes F E. A simple back-of-the-envelope test for self-citations using Google Scholar author profiles[J]. Scientometrics, 2020, 124(2): 1685-1689.

② Glanzel W, Thijs B, Schlemmer B. A bibliometric approach to the role of author self-citations in scientific communication[J]. Scientometrics, 2004, 59(1): 63-77.

③ Gonzalez-Sala F, Osca-Lluch J, Haba-Osca J. Are journal and author self-citations a visibility strategy? [J]. Scientometrics, 2019, 119(3): 1345-1364.

④ Shah T, Gul S, Gaur R. Authors self-citation behavior in the field of library and information science[J]. Aslib Journal of Information Management, 2015, 67(4): 458-468.

⑤ Lin W, Huang M. The relationship between co-authorship, currency of references and author self-citations[J]. Scientometrics, 2015, 90(2): 343-360.

表 5-6　　　　　间接引用与非间接引用行为的作者自引分布

作者/团队自引			间接三角引用数据集		非间接三角引用数据集	
B→A	C→A	C→B	数量（条）	覆盖率（%）	数量（条）	覆盖率（%）
×	×	×	7785	83.68	11485	86.79
√	×	×	1012	10.88	1512	11.43
×	√	×	15	0.16	74	0.56
×	×	√	78	0.84	26	0.20
√	√	√	413	4.44	136	1.03
加总			9303	100	13233	100

在表 5-6 中，以上五种自引情况在间接引用与非间接引用两个数据集中所占比例具有较大的差距。只有当 B、C 自引或 A、B、C 全部自引时，其在间接引用数据集所占比例高于非间接引用数据集，而其余三种自引情况则在非间接引用数据集中的比例相对比较高。以上对比结果表明，追随文献 C 的间接三角引用行为倾向于发生在 B、C 为继承性研究或 A、B、C 为继承性研究时。

三角引用结构中文献间的自引是导致追随文献 C 施加间接三角引用行为的一个重要影响因素。一项完整的研究课题或一位专注于某一研究问题的学者所产出的连续性论文之间是密切关联的，必要时在这些论文之间需要进行承前启后的提及和引用。如果在一个三角引用结构中，文献 B、文献 C 为同一位学者或团队所产出的连续性研究，而文献 A 或是由他人完成的、但与文献 B、文献 C 密切相关的一篇重要文献，又或是该学者或团队同一连续性研究的前期成果。那么，作者在撰写后续研究成果——文献 C 时，极有可能引证前期基础——文献 A 与文献 B。考虑到自己已完成的研究文献 B 中引用文献 A 的引文内容是归属于自己的知识产权成果，文献 C 在引用文献 A 时便可以直接参考、或直接全文复制文献 B 中关于文献 A 的引文内容，从而对文献 A 再次引用。在这种引用情境下，受同一研究课题的主题连续性与知识产权的影响，C→A 与 B→A 的引文内容相似度会出现较高的一致性。

5.2　隐形三角引用行为

5.2.1　定义描述

在前一节间接三角引用行为发生过程中，会出现两种引用情况：一种是作者在标注引文时，既引用原始文献 A，也引用中间文献 B；但也有可能只标注引用原始文献 A，刻意不引用中间文献 B。鉴于后一种引用情境，在本节将提出间接三角引用延伸出的一种匿引问题，即隐形三角引用行为，如图 5-3 所示。其定义为：科学文献 C 作者在未阅读文献 A 原文的情况下，根据文献 B 中关于文献 A 的引文内容对文献 A 施加引用；然而，文献 C 作者受到某些主观因素或社会性因素影响，虽采纳或利用了文献 B 中的知识，但在实际引用中没有引用中间文献 B，只引用了文献 A。

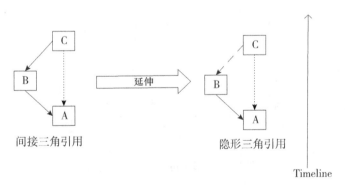

间接三角引用　　　　　　隐形三角引用

Timeline

注：断点实线箭头表示参考但未真实发生引用的文献关系；虚线箭头表示未阅读原文便施加引用的关系。

图 5-3　隐形三角引用结构的形成图

科学界的引用行为是比较复杂的、矛盾的，在引用过程中可能受到自身心理、学术规范、社会联系等多方面因素的共同作用。在传统的耦合关系中，文献之间通过主题的关联性、相似性联系起来。然而，表现为耦合关系的"隐形三角引用"则是文献 C 通过文献 B 对文献 A 施加间接引用，但在实际引用中却仅引用文献 A、忽略文献 B，从而隐藏了其本应表现为三角引用结构的转引行为。由于文献 B、文献 C 之间未发生真实的引用关系，这种隐形三角引用行为和现象较为复杂和隐蔽，很难从客观发生的文献数据集中发现这一现象。然而，这种隐形三角引用却是学者在科研工作中经常遇到的一类危害性较大的引用问题，同时也是前一节间接三角引用问题的一种延伸。

隐形三角引用行为具体的示例图如图 5-4 所示。

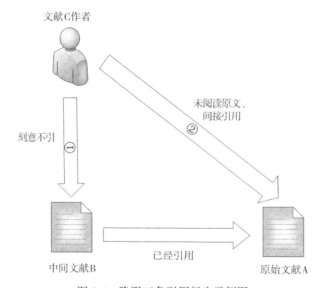

图 5-4　隐形三角引用行为示例图

上述隐形三角引用行为具有两个比较明显的特征：第一，未阅读原文而转引文献 A。第二，刻意不引文献 B。隐形三角引用现象使得引文成分与引用行为更加复杂化，但同时也包含着丰富的科学引用偏好与规律。

其中，未阅读原文而转引文献 A 的行为动机如下：

①文献 C 作者认为他人所引用资料中包含的信息足够完整、

足以满足需要，不愿再去核查原始文献 A 的原文。

②文献 C 作者受文献数据库权限、语言阅读障碍、跨学科知识壁垒等影响，难以获取到原始文献的全文或无法顺利阅读全文。

刻意不引中间文献 B 的行为动机如下：

①文献 C 作者缺乏严肃认真、实事求是的科学态度，为了在文中掩人耳目、避免抄袭之嫌，又或为了体现自己论文的创新性或原创性，故意不引用文献 B。

②文献 C 作者受马太效应影响，写作时倾向于选择引用被认为"重要的""权威的"文献或期刊来证明自身研究的科学价值与知识联系，并避免引用那些相对"不重要"的文献。① 在三角引用结构中，原始文献 A 由于发表时间、科学发现优先权、被引频次累积等方面的优势，往往比中间文献 B 更具有所谓的"权威度"和"社会认可度"。因此，在二者择其一的情况下，文献 C 作者倾向于放弃引用中间文献 B，只引用文献 A。

隐形三角引用行为助长了一种不良的学风，即作者无需阅读全文就能将参考文献列为引文，这既是对中间文献 B 作者劳动的不尊重，还容易使原始文献 A 的数据、观点失真；另一方面，造成了原始文献 A 的虚假引文、中间文献 B 的学术价值埋没，从而降低引文分析与科学评价的真实性与准确度。本节基于引文内容相似度、文献使用—引用转化率、耦合强度等多维度指标构建隐形三角引用行为识别框架，计算其存在范围；并基于最省力法则、马太效应理论等，提出隐形三角引用行为的影响因素分析框架，通过对比隐形三角引用与非隐形三角引用数据集的相关文献特征，分析导致隐形三角引用行为发生的影响因素及其危害性。

5.2.2 数据集描述

本书以 Web of Science 数据库作为数据来源；根据 WoS 学科分

141

---

① Teixeira da Silva J A. The Matthew effect impacts science and academic publishing by preferentially amplifying citations, metrics and status ［J］. Scientometrics，2021，126(6)：5373-5377.

类体系，选取医学与生物学、心理学、管理学、化学、物理学、数学、计算机科学、图书情报科学 8 个学科，并根据文献的被引频次分层抽样；其次，为保证数据样本的多样性，文献类型包含 Article、Review、Proceedings Paper。最后，以 40 篇样本文献作为原始文献 A，获取相关的三角引用关系与隐形三角引用关系数据，具体的数据获取与处理过程如图 5-5 所示。

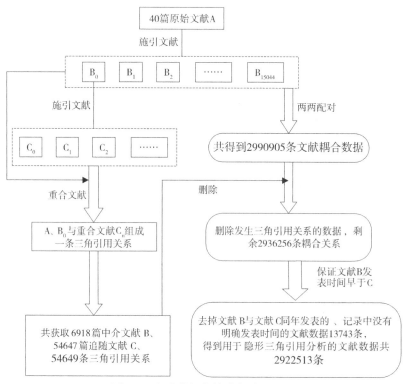

图 5-5   实验数据集构建与清洗过程

　　其中，三角引用关系的获取是从原始文献 A 入手，寻找中间文献 B 和追随文献 C，来确定以文献 A 为原始文献的三角引用数据。通过 40 篇原始文献 A 的样本，在引文网络中共获取了 6918 篇中间文献 B、54649 篇追随文献 C，以及 54649 条三角引用关系。

　　隐形三角引用关系的获取同样是从原始文献 A 入手，确定以 A

为原始文献的隐形三角引用数据。具体步骤如下：首先，将文献 A 施引文献集合中的文献两两配对，即文献 B、C 具有耦合关系的数据。通过 40 篇文献 A 的 15045 篇施引文献，共得到 2990905 条耦合关系。其次，隐形三角引用结构中的文献 B 与文献 C 不存在直接引用关系，在已获得的 2990905 条耦合数据集中，删除已经发生三角引用关系的 54649 条数据，共剩余 2936256 条数据。最后，保证每组隐形三角引用数据中，文献 B 的发表时间要早于文献 C。去掉文献 B 与文献 C 同年发表的耦合关系数据、以及数据记录中没有明确发表时间的文献数据 13743 条，最终共剩余 2922513 条耦合关系数据，用于隐形三角引用结构的分析实验。具体统计数据如表 5-7 所示。

表 5-7　　　　　　　　　　样本数据集的相关信息统计

序号	文献 A 所属学科	文献 A 被引频次	文献耦合 关系数量	三角引用 关系数量	用于隐形三角引用 分析的数量
1	医学与生物学	184	15715	214	15506
2	医学与生物学	220	22104	651	21477
3	医学与生物学	270	26632	60	26587
4	医学与生物学	421	82455	683	81462
5	医学与生物学	468	84901	433	84530
6	心理学	268	33950	273	33692
7	心理学	366	28939	52	28914
8	心理学	415	79845	1878	78018
9	心理学	565	124783	506	118371
10	心理学	647	201034	1548	198825
11	管理学	265	27915	323	27472
12	管理学	331	43690	1045	42789
13	管理学	357	58060	462	57637

续表

序号	文献 A 所属学科	文献 A 被引频次	文献耦合关系数量	三角引用关系数量	用于隐形三角引用分析的数量
14	管理学	402	67249	793	66590
15	管理学	528	119420	1224	118269
16	化学	154	7516	692	6826
17	化学	307	43315	3454	39739
18	化学	477	100740	2335	98527
19	化学	495	111289	5964	105644
20	化学	682	181976	3365	178992
21	物理学	379	52737	701	51831
22	物理学	437	91540	873	89972
23	物理学	480	105512	2169	103284
24	物理学	587	154492	4104	150332
25	物理学	862	356361	8118	348481
26	数学	339	51109	712	50192
27	数学	393	72175	1392	70424
28	数学	419	74644	1151	73175
29	数学	550	140821	1707	138859
30	数学	643	185420	4195	180955
31	计算机科学	125	7109	161	6855
32	计算机科学	146	9555	279	9248
33	计算机科学	298	39334	1258	38189
34	计算机科学	392	51276	205	50879
35	计算机科学	435	74980	111	69670
36	图书情报科学	43	653	35	632

序号	文献 A 所属学科	文献 A 被引频次	文献耦合 关系数量	三角引用 关系数量	用于隐形三角引用 分析的数量
37	图书情报科学	88	2952	87	2810
38	图书情报科学	131	6894	338	6480
39	图书情报科学	176	12149	290	11944
40	图书情报科学	300	39664	808	38434
汇总		15045	2990905	54649	2922513

5.2.3　隐形三角引用行为识别框架构建

(1)隐形三角引用行为的识别方法

首先，在文献引文网络中提取可能发生的隐形三角引用关系，步骤如下：

①提取文献 B 与文献 C 具有耦合关系的数据；

②去掉文献 B 与文献 C 之间已发生直接引用的数据；

③保证文献 B 的发表时间早于文献 C。

其次，构建以下三项指标识别耦合关系中的隐形三角引用行为。

①文献使用—引用转化率。WoS 数据库平台中论文的使用数量(Usage)是 Web of Science 平台所有用户访问论文全文链接或保存记录的次数，捕获了用户试图获取全文的各种操作。文献使用—引用的转化率用一篇科学文献的被引频次与使用次数之比计算，表示为 CR。若文献所获被引频次用 R 表示，使用次数用 U 表示，CR 计算公式如下：

$$CR = \frac{R}{U} \tag{5-2}$$

按照隐形三角引用行为发生的两个情境：引用但未阅读文献

A、参考但未引用文献 B，本书识别的一组隐形三角引用结构应具有以下特征：文献 A 的被引频次应当较大，而使用次数则偏小，甚至低于被引数量，即 CR(A)较高；而文献 B 受参考但未引用的影响，表现为使用次数较大、被引频次较小，即 CR(B)相对较低。

②B→A 与 C→A 引用内容的文本相似度。隐形三角引用行为中，文献 C 是通过文献 B 的引文内容间接引用文献 A，那么，最直接、有效的判断方法是通过文本相似度计算，比较文献 B 引用文献 A 的引文内容与文献 C 引用文献 A 的引文内容之间是否相似。

由于传统 IF-IDF 表示特征向量计算的文本相似度结果区分度较低，本书调用 Nils and Iryna 构建的 Sentence Transformers 预训练模型，① 计算 B→A 与 C→A 引用内容之间的文本相似度，用 Sim(B→A，C→A)表示。Sentence Transformers 模型是一个用于最先进的句子、文本和图像嵌入的 Python 框架，使用连体和三元网络结构来推导语义上有意义的句子嵌入，并使用余弦相似度进行语义文本相似计算，其在语义文本相似性应用中表现出很好的性能和区分度。此外，将引用内容设定为引用标签所在的完整句子。在一组耦合关系中，Sim(B→A，C→A)值越接近于 1，比较的两个引用文本越相似，则认定对应的耦合关系更倾向于发生了隐形三角引用行为。

③耦合强度，文献 B、文献 C 的耦合强度为文献 B 与文献 C 中参考文献重合的数量，用 BS(BC)表示。在隐形三角引用行为中，文献 C 通过文献 B 的参考文献列表，间接引用文献 A。因此，文献 C 中的参考文献与文献 B 的参考文献重复数量越多，那么意味着文献 C 将文献 B 作为中介传输文献，间接引用越多的文献 A。此时，对应的耦合关系更倾向于发生了隐形三角引用行为。

(2)隐形三角引用行为的影响因素识别

最省力法则指出，一个人在面对多种问题的情况下，将会争取

---

① Nils R, Iryna G. Sentence-BERT：sentence embeddings using Siamese BERT-Networks[C]//Proceedings of the 2019 Conference on Empirical Methods in Natural Language Processing. Association for Computational Linguistics，2019.

运用最省事、省力的方法去处理面临的问题，并尽可能运用最小功力消耗率去解决。① 间接引用文献 A 的行为动机中，作者主观的惰性引用动机无法通过文献来源信息直接判断，但作者受文献数据库权限、语言阅读障碍、跨学科知识壁垒等客观因素影响的行为动机与影响因素则可以通过大规模数据表现出来。根据前一节间接三角引用行为的影响因素分析结果，隐形三角引用结构中作者间接引用文献 A 的分析要素包括语言差异、文献类型差异、学科差异三项，即文献 A、文献 B、文献 C 组合在语言、文献类型、学科方面存在怎样的特征，导致文献 C 间接通过文献 B 引用文献 A。

　　研究表明，论文自身被引、作者知名度、期刊权威性、发表时长等方面的累积是马太效应在科学研究中的表现，均对论文的关注度和被引量有正向的影响作用。②③④ 由于作者在其所属研究领域知名度的测量具有一定复杂性和主观性，且无法通过文献来源信息直接获取，本书暂不考虑作者知名度这一变量对隐形三角引用行为的影响。本节选取其他三项变量作为刻意不引用文献 B 的分析要素，即文献 A、文献 B 在期刊影响力、出版时间、被引影响力方面存在怎样的差异，导致文献 C 只选择引用文献 A、不引用文献 B。其中，用期刊的五年影响因子反映文献所发表期刊水平的高低；用文献所获的被引频次反映其在所属研究领域的相对地位和权威度。

　　最后，建立隐形三角引用行为的识别方法与影响因素框架，如图 5-6 所示。

---

①　Zipf G K. Human behavior and the principle of least effort：an introduction to human ecology［M］. Ravenio Books，2016.

②　da Silva J A T. The Matthew effect impacts science and academic publishing by preferentially amplifying citations，metrics and status［J］. Scientometrics，2021，126(6)：5373-5377.

③　Tol R S J. The Matthew effect defined and tested for the 100 most prolific economists［J］. Journal of the American Society for Information Science and Technology，2009，60(2)：420-426.

④　Larivier E V，Gingras Y. The impact factor's Matthew effect：a natural experiment in bibliometrics［J］. Journal of the American Society for Information Science and Technology，2010，61(2)：424-427.

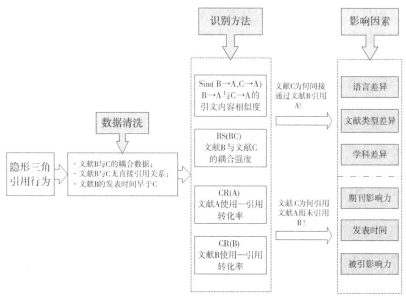

图 5-6 隐形三角引用行为的识别方法与影响因素构建

5.2.4 隐形三角引用行为识别结果

通过 2922513 组耦合数据中文献 A 与文献 B 在 WoS 平台获得的使用量(Usage)、引用量(WoS core),计算得到文献 A、文献 B 的使用—引用转化率 CR(A)、CR(B),统计值的对比结果见表 5-8。

表 5-8 **文献 A、文献 B 使用—引用转化率对比结果**

使用—引用转化率	统计结果	比重
CR(A)>CR(B)	2056362	70.36%
CR(A)=CR(B)	151	0.01%
CR(A)<CR(B)	401013	13.72%
无效值	464987	15.91%
总计	2922513	100%

在近300万组耦合数据中，超过七成的文献 A 使用—引用转化率高于文献 B。根据2922513组耦合数据中 CR(A)与 CR(B)的分布，构建散点图，如图5-7所示。其中，为了更清晰表示数据的主体分布区域，将 CR(A)与 CR(B)超过10的极端数值设置为10。图5-7中，CR(B)在[0，1]区间内的分布最为密集，且随着使用—引用转化率增加，其分布越来越稀疏。而 CR(A)在[0，10]区间内的分布则相对较均匀。

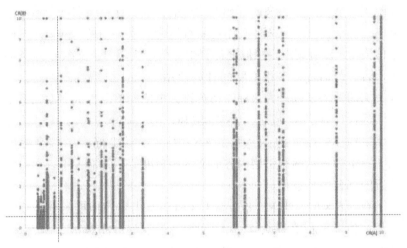

图5-7　使用—引用转化率分布图

在规范、合理的参考文献引用情境下，文献的使用与引用存在一个递进的链式关系。用户首先获取和浏览原文内容，其次根据文献与自身研究的相关性、知识贡献进行参考文献选择与引用。① 因此，被引频次的增加一定伴随浏览、下载等使用次数的增加。然而，在隐形三角引用行为中，文献 A 的部分引用数据并未伴随相应的浏览、下载等使用行为，因此文献 A 的使用次数 U 偏小，甚

149

①　Wang X，Fang Z，Sun X. Usage patterns of scholarly articles on Web of Science：a study on Web of Science usage count[J]. Scientometrics，2016，109（2）：917-926.

至低于被引次数，即 CR(A)大于 1。同样的，文献 B 受未被引用
的影响，使用次数大于被引次数，即 CR(B)小于 1。因此，当 CR
(A)≥1 且 CR(B)<1 时，对应的耦合关系发生隐形三角引用行为
的可能性较大。

在 2922513 条数据中，位于图 7 右下角区域[同时满足 CR(A)
≥1 且 CR(B)<1]的耦合数据共 687112 条，将用于进一步的隐形
三角引用行为识别。其中，文献 B 或文献 C 的 DOI 号缺失、无全
文记录的耦合数据共 108622 条，对能够获取全文数据的 578490 条
文献耦合数据进行引文内容相似度与耦合强度计算。在耦合强度计
算中，由于文献 B、文献 C 本身具有耦合关系，因此 BS(BC)的最
小值为 1。在引文内容相似度计算中，由于文献 B、文献 C 涉及多
种语言，跨语言文本相似度的计算使用 Google 机器翻译工具，将
非英文的源语言翻译为目标语言英语，再使用单语言的文本相似度
算法进行计算。①② 最后，根据 BS(BC)、Sim(B→A，C→A)的计
算结果构建三维气泡图，见图 5-8。其中，横坐标表示耦合强度
值，纵坐标表示两两引用内容的文本相似度值，气泡大小表示对应
位置的耦合关系数量。

在图 5-8 中，当 BS(BC)高于 3 时引文内容相似度的变化最为
明显：随着 Sim(B→A，C→A)增加，气泡的分布越大且越密集，
此时耦合关系大部分分布在 Sim(B→A，C→A)≥0.5 区域内。而
当 BS(BC)在 1~2 时，Sim(B→A，C→A)主要分布在 0.5 至 0.6
区间内，明显低于 BS(BC)≥3 的引文内容相似度。因此，文献 B
与文献 C 之间的耦合强度越大，两者同时引用文献 A 的引文内容
相似度就越高。

150

① Oard D W，Hackett P. Document translation for cross-language text retrieval at the university of Marylan [J]. Journal of Computer Science and Technology，1998，30(2)：259-272.

② Maike E，Andrew F. Calculating Wikipedia article similarity using machine translation evaluation metrics [C]//Proceedings of the 2011 IEEE Workshops of International Conference on Advanced Information Networking and Applications，2011：620-625.

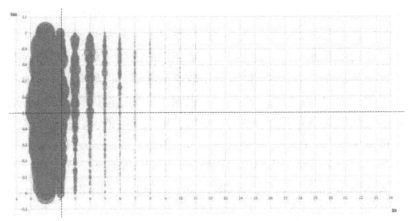

图 5-8 耦合强度与引文内容相似度分布三维气泡图

BS(BC)越高,文献 C 复制文献 B 中的参考文献数量越多,即使文献 B 与文献 C 之间虽然没有实际的引用关系,但两者具有较为密切的隐性关系。Sim(B→A,C→A)值越高,在越大程度上文献 C 参考了文献 B 中关于 A 的引文内容,进行了间接引用行为。因此,在图 5-8 右上角的气泡高密集区,即 BS(BC)≥3,同时 Sim(B→A,C→A)≥0.5,该耦合关系在很大概率上发生隐形三角引用行为。隐形三角引用行为的识别结果如图 5-9 所示。

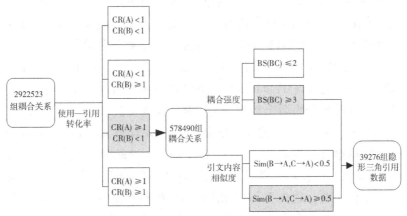

图 5-9 隐形三角引用行为识别结果

通过使用—引用转化率、耦合强度与引文内容相似度的三维判定指标，本书在 2922523 条文献耦合数据中，共发现了 39276 组隐形三角引用数据。为了最大程度保证识别的隐形三角引用行为的准确度与真实度，本书尽可能设置了较高的阈值，以最大提高隐形三角引用行为的识别门槛。这其中，识别结果难以避免遗漏掉没有达到相应阈值的隐形三角引用行为数据，也难以保证识别的文献组合全部发生了真实的隐形三角引用行为。但是，通过大规模的文献数据集、综合多维判定指标的识别结果，足以支持隐形三角引用行为在文献引用中的真实存在。同时，$CR(A) \geq 1$ 且 $CR(B) < 1$、高 BS(BC)值、高 $Sim(B \to A, C \to A)$ 值等一致性特征，也进一步佐证了隐形三角引用现象在科学界的客观存在。

5.2.5 隐形三角引用行为的影响因素分析

结合隐形三角引用行为的判定指标和识别结果，从耦合关系中文献 A、文献 B、文献 C 的语言差异、文献类型差异、学科差异层面，对隐形三角引用结构中间接引用文献 A 的行为进行影响因素分析。未阅读原文、间接引用文献 A 在文献特征上的表现为：文献 A 收获的被引量较大，而使用量偏小；BS(BC)值较高；$Sim(B \to A, C \to A)$ 值较高。首先，根据隐形三角引用行为的识别结果，将本文的实验数据集分类进行对照分析。基于 $CR(A)$、$CR(B)$ 的计算结果，将 2922513 组耦合关系分为四个数据集合：$CR(A) < 1$ 且 $CR(B) < 1$、$CR(A) < 1$ 且 $CR(B) \geq 1$、$CR(A) \geq 1$ 且 $CR(B) < 1$、$CR(A) \geq 1$ 且 $CR(B) \geq 1$。基于 BS(BC)的计算结果，将 578490 条文献耦合关系分为两个数据集合：$BS(BC) \leq 2$、$BS(BC) \geq 3$。基于 $Sim(B \to A, C \to A)$ 的计算结果，将 578490 条文献耦合关系分为两个数据集合：$Sim(B \to A, C \to A) < 0.5$、$Sim(B \to A, C \to A) \geq 0.5$。其次，根据耦合关系中文献 A、B、C 的语言类型、文献类型、学科领域，划分为 ABC 相同、AB 相同、BC 相同、AC 相同、ABC 不同这五种特征分布类型。最后，分别计算 A-B-C 不同特征分布类型在以上八个数据集合中的数量及分布比例。其中，语言差

异情境下的数据集分布情况如图 5-10 所示，文献类型差异下的数据集分布图如图 5-11 所示，学科差异下的数据集分布如图 5-12 所示。

(1)语言差异

WoS 平台收录的文献主要以英语为主，且在非英语母语国家，英语仍作为科学交流、科学文献撰写的主流语言。[①] 在图 5-10，95% 以上的 A-B-C 组合为语言相同，而 A、B、C 均属于不同语言的耦合数据则最少。

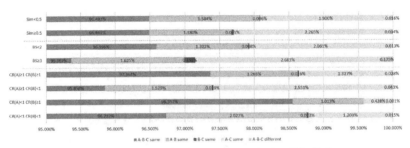

图 5-10 语言差异情境下的隐形三角引用特征分布

对比具有语言差异的文献耦合数据，在以引文内容相似度分类的两个数据集中，文献 B、文献 C 语言相同情境下的分布对比最为明显：$Sim(B{\rightarrow}A, C{\rightarrow}A) \geqslant 0.5$ 的比例（0.031%）超过了 $Sim(B{\rightarrow}A, C{\rightarrow}A) < 0.5$（0.006%）的 5 倍之多。同样地，在以耦合强度分类的两个数据集中，文献 B、文献 C 语言相同情境下的对比最为明显，$BS(BC) \geqslant 3$ 的比例（0.151%）远远高于 $BS(BC) \leqslant 2$（0.008%）。而以使用—引用转化率分类的四个数据集中，文献 B、文献 C 语言相同这一情境在 $CR(A) < 1$ 且 $CR(B) \geqslant 1$ 的数据集中没有出现，在其余三种数据集中的分布比例无显著差别。因此，文献 B 与文献 C 相同、但

153

---

① Yu H Q, Xu S M, Xiao T T. Is there Lingua Franca in informal scientific communication? Evidence from language distribution of scientific tweets[J]. Journal of Informetrics, 2018, 12(3): 605-617.

与文献 A 不同的语言特征倾向于发生在 BS(BC) 与 Sim(B→A,C→A) 均较高的隐形三角引用结构中，与文献 A 的语言差异是追随文献 C 对其施加间接引用的一个重要影响因素。

（2）文献类型差异

在图 5-11，除了 CR(A)<1 的两个数据集之外，A、B、C 文献类型相同的耦合关系在其他六个数据集中占据了 60% 以上的比例。统计 2922513 条文献耦合关系中文献 A、B、C 的文献类型，如表5-9 所示。

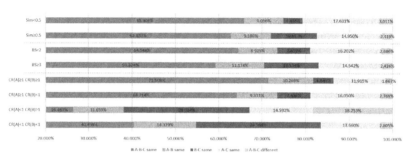

图 5-11　文献类型差异情境下的隐形三角引用特征分布

表 5-9　文献耦合关系中文献 A、B、C 的文献类型分布统计

文献类型	文献 A 数量	比例	文献 B 数量	比例	文献 C 数量	比例
Article	2524829	86.392%	2417932	82.735%	2496803	85.433%
Biographical-Item	0	0%	40	0.001%	101	0.003%
Book Review	0	0%	2456	0.084%	1860	0.064%
Discussion	0	0%	83	0.003%	171	0.006%
Editorial Material	0	0%	31514	1.078%	27759	0.950%
Letter	0	0%	8667	0.297%	5833	0.200%
Meeting Abstract	0	0%	1546	0.053%	323	0.011%
News Item	0	0%	1617	0.055%	225	0.008%

续表

文献类型	文献 A 数量	比例	文献 B 数量	比例	文献 C 数量	比例
Note	0	0%	4687	0.160%	2123	0.073%
Proceedings Paper	6855	0.235%	209413	7.166%	119505	4.089%
Reprint	0	0%	911	0.031%	777	0.027%
Review	390829	13.373%	243047	8.316%	266950	9.134%
Retracted Publication	0	0%	600	0.021%	83	0.003%

在表 5-9 中，大部分文献类型为 Article、Review，因此在 A-B-C 的文献类型组合中，三者文献类型相同的情况占据主要比重。但在文献类型不一致的耦合数据中，与语言情境下的对比结果相似，B、C 文献类型相同在耦合强度与引文内容相似度分类集合中的差异最为显著。其中，在 $Sim(B→A, C→A) \geqslant 0.5$ 中的分布比例（4.438%）高于 $Sim(B→A, C→A) < 0.5$（10.613%）的两倍。在 $BS(BC) \geqslant 3$ 的分布比例（12.534%）也明显超出了 $BS(BC) \leqslant 2$（7.639%）。而其他四种文献类型结构（ABC 相同、AB 相同、AC 相同、ABC 均不同）在上述几个数据集中的分布则相对比较稳定，没有表现出显著差异。因此，在隐形三角引用结构中，文献 C 的文献类型与文献 A 不同，是其通过相同文献类型的文献 B，对文献 A 施加间接引用行为的影响因素。

(3)学科领域差异

在图 5-12，文献 B、文献 C 学科相同在 $BS(BC) \geqslant 3$ 与 $Sim(B→A, C→A) \geqslant 0.5$ 两个数据集中所占比例最高，分别为 16.512%、7.704%。此外，在 $CR(A) \geqslant 1$ 的两个数据集中，文献 B、文献 C 学科相同所占比例也明显高于 $CR(A) < 1$。因此，在 $CR(A)$、$BS(BC)$、$Sim(B→A, C→A)$ 较高的隐形三角引用结构中，更容易发生文献 B、C 学科相同，但与文献 A 不同的跨学科引用现象。与文献 A 的学科差异是追随文献 C 对其施加间接引用行为的一个显著影响因素。

155

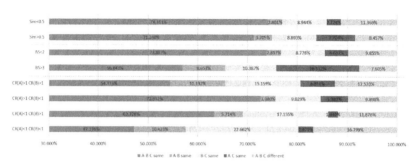

图 5-12　学科差异情境下的隐形三角引用特征分布

美国语言学家 Zipf 提出省力法则，认为人们总希望以最小的付出得到最大的收获，一切有目的行为总是追求"省力""偷懒"。① 综合语言、文献类型、学科特征的分析结果，在隐形三角引用结构中，文献 C 会受到跨语言、跨文献类型、跨学科等因素的影响，不负责任地间接从文献 B 的引文内容中转引文献 A，从而体现出 BS(BC)与 Sim(B→A，C→A)均较高等特征。

从文献 A、B 的期刊影响力、发表时间间隔、被引影响力三个方面，对隐形三角引用行为中刻意不引文献 B 的行为进行影响因素分析。仅引用文献 A、不引用文献 B 的文献特征表现为：文献 B 收获的被引量较少，而使用量较大；相反，文献 A 的被引量则较大，使用量偏小。根据 CR(A)、CR(B)的计算结果，比较在以文献 A、B 使用—引用转化率分类的四个数据集合中［CR(A)<1 且 CR(B)<1、CR(A)<1 且 CR(B)≥1、CR(A)≥1 且 CR(B)<1、CR(A)≥1 且 CR(B)≥1］，文献 A、文献 B 在期刊影响因子、发表时间、被引频次三个角度的差异。

（1）影响因子差异

去掉非期刊类型和无期刊影响因子数据的文献后，共剩余

---

① Zipf G K. Human behavior and the principle of least effort: an introduction to human ecology[M]. Ravenio Books，2016.

2598600条文献耦合数据。分别统计文献 A、B 所在期刊的五年影响因子，并计算 IF(A)-IF(B)。图 5-13 显示了不同的 IF(A)-IF(B)区间在四个耦合数据集中的分布比例。

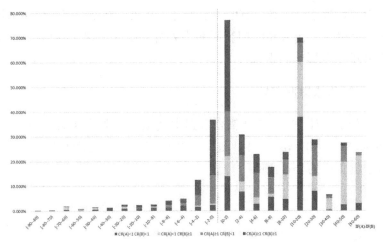

图 5-13　期刊影响力差异情境下的隐形三角引用特征分布

在图 5-13 中，CR(A)≥1 且 CR(B)<1 的影响因子之差分布最为集中，主要分布在-4 至 50 范围内。相比之下，在-8 至-90 的较大负值区域内，CR(A)≥1 且 CR(B)<1 的数量微乎其微，而其他三个数据集合在该区域均有一定比例的分布。因此，对于 CR(A)≥1 且 CR(B)<1 的耦合数据，文献 A 与文献 B 的影响因子之差主要分布在正值区域内，即文献 A 所在期刊的影响因子一般高于文献 B。

通常情况下，期刊声望越高，文章质量越好，学界认可度也越强。①② 对于研究主题与研究内容相似的论文，作者会更倾向于引

157

① Fang H. Investigating the journal impact along the columns and rows of the publication-citation matrix[J]. Scientometrics, 2020, 125(3): 2265-2282.

② Larivier E V, Gingras Y. The impact factor's Matthew effect: a natural experiment in bibliometrics [J]. Journal of the American Society for Information Science and Technology, 2010, 61(2): 424-427.

用发表在权威度较高期刊上的论文。从期刊影响因子角度，隐形三角引用结构中的文献 C 作者，更倾向于选择引用期刊影响力与权威度更高的文献 A，在实际引用中往往忽略期刊影响力相对较低的文献 B，从而出现文献 A 的被引量高于其使用量，文献 B 收获的被引频次远远低于其应有的被引量这一现象。在隐形三角引用结构中，文献 A、文献 B 的期刊影响力差异是施引作者 C 刻意不引文献 B 的重要影响因素。

（2）发表时间差异

分别统计 2922513 条耦合数据中文献 A、文献 B 的发表年份，并计算 year(B)-year(A)。图 5-14 显示了不同发表时间差在四个耦合数据集中的分布比例。

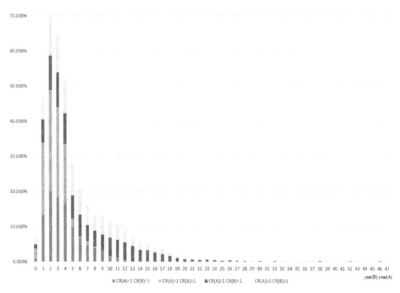

图 5-14　发表时间差异情境下的隐形三角引用特征分布

从文献 A、文献 B 发表时间角度，CR(A)≥1 且 CR(B)<1 明显与其他三组数据集的分布范围不同。对于 CR(A)<1 且 CR(B)<1、CR(A)<1 且 CR(B)≥1、CR(A)≥1 且 CR(B)≥1 三个数据

集，随着 year(B)-year(A)增大，对应的耦合数据所占比例明显逐渐减少。相反，随着 year(B)-year(A)增大，CR(A)≥1且CR(B)<1 的分布则明显比较稳定，尤其在 year(B)-year(A)为 2~12 年里的分布比例几乎一致。其次，从极端值看，在 year(B)-year(A)≥20 的数据中基本是 CR(A)≥1且CR(B)<1，甚至还有文献 A 发表在文献 B 之前 47 年之久。因此，当 CR(A)≥1且CR(B)<1 时，文献 A 的发表时间一般要远早于文献 B，而在其他使用—引用转化率情况中，文献 A 与文献 B 的发表时间间隔相对较小。

在隐形三角引用结构中，文献 A、文献 B 的出版时间差距是施引文献 C 刻意不引文献 B 的重要影响因素。考虑到文献 A 在所属研究领域的相对领先地位、发表优先权等，文献 C 更倾向引用发表时间较早、较年长的文献 A，而不引用发表时间较近、较年轻的文献 B，从而导致文献 A 的被引量甚至高于其使用量，而文献 B 收获的被引频次远远低于其应有的被引量。

(3) 被引频次差异

分别统计 2922513 条耦合数据中文献 A、文献 B 的被引频次，并计算 R(A)-R(B)，图 5-15 显示了不同的被引差在四个耦合数据集中的分布比例。

在被引频次差距视角下，耦合数据集 CR(A)≥1且CR(B)<1 仍表现出与期刊影响力、发表时间等类似的特征。在以使用—引用转化率分类的四组数据集中，CR(A)≥1且CR(B)<1 的被引频次之差主要分布在 200 至 700 区间内。相反，在文献 B 被引频次大于文献 A 的左侧负值区域内，几乎没有 CR(A)≥1且CR(B)<1，而其他三种数据集在负值区域内均有明显的一定比例分布。因此，当文献耦合结构中 CR(A)≥1且CR(B)<1 时，文献 A 的被引影响力一般远高于文献 B。

在隐形三角引用结构中，文献 A、文献 B 的被引频次大小及其差距是追随文献 C 刻意不引文献 B 的重要影响因素。Price 曾指出：一篇经常被引用的论文比一篇很少被引用的论文更容易再次被引用。① 考虑到文献影响力与权威度等，追随文献 C 作者更倾向引用被引频次较高的文献 A，而忽略被引较少的中间文献 B，从而导致文献 A 的被引量甚至高于其使用量，而文献 B 收获的被引频次远远低于其应有的被引量。

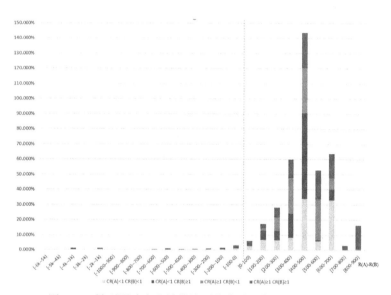

图 5-15　被引影响力差异情境下的隐形三角引用特征分布

综上所述，在隐形三角引用行为中，受期刊影响力差距、发表时间差距、自身被引差距影响的刻意不引文献 B 现象真实存在。引用动机中的说服论认为，引文植根于科学知识的建构主义社会学，② 引用行为是一个社会心理过程的体现，无法脱离个人偏好和社会压力等因素的影响。科学文献引用中的马太效应理论同样指出，作者通常具有崇拜学术权威和学术名望的社会心理，更倾向引用被认为具有"权威性"的文献，如著名期刊、著名学者、著名文献等，而不管被引文献在研究内容上与自己的论文是否实质

---

① Price D J D. Citation classic-Little science, big science [J]. Current Contents, 1983, 29: 18.

② May K O. Abuses of citation indexing[J]. Science, 1967(5): 889-991.

性相关。①②③ 在隐形三角引用行为中，追随文献 C 通过文献 B 中关于 A 的引文内容对文献 A 施加引用，本应表现为三角引用结构；但是，文献 C 会受到文献 A 与文献 B 在期刊影响力、发表时间、自身被引影响力等方面的差距影响，往往不引用期刊影响力较差、发表时间较晚、或被引频次较低的文献 B，只引用相对更"权威"的文献 A，从而在引文网络中表现为耦合关系，即隐形三角引用结构。

5.3 三角引用机制及行为的危害性分析

文献的不当引用是一个长期、复杂且相对隐蔽的现象，既属于学术道德问题，又属于学术规范问题。学界针对科学文献引用相关问题已进行了大量的研究，却很少有人关注不合理的参考文献引用对学术论文价值造成的不良影响。本章通过大规模的文献数据对间接三角引用行为和隐形三角引用行为进行识别，并尝试结合相关文献特征，挖掘这两种不合理引用行为的影响因素与引用情境。

在间接三角引用行为的识别中，本章以 140 篇原始文献 A 获取了 27003 条三角引用关系，通过文本相似度算法计算每条三角引用中 B→A 与 C→A 引文内容的相似度，并设定阈值来识别引文内容相似度较高的追随文献 C，实验发现间接三角引用行为存在的比例高达 41.3%。其次，结合三角引用结构内部文献特征与间接三

① Tol R S J. The Matthew effect defined and tested for the 100 most prolific economists [J]. Journal of the American Society for Information Science and Technology, 2009, 60(2): 420-426.

② Larivier E V, Gingras Y. The impact factor's Matthew effect: a natural experiment in bibliometrics [J]. Journal of the American Society for Information Science and Technology, 2010, 61(2): 424-427.

③ Feichtinger G, Grass D, Kort P M, et al. On the Matthew effect in research careers [J]. Journal of Economic Dynamics and Control, 2021 (123): 104058.

角引用行为识别结果，从语言、文献类型、跨学科引用、作者自引四个角度，分析追随文献 C 施加间接引用行为的影响因素。数据集合对照发现，在三角引用结构中，语言差异、文献类型差异、学科差异与作者自引均是文献 C 施加间接引用的影响因素。若文献 C 与原始文献 A 存在语言差异、文献类型差异、或学科差异，但与中间文献 B 处于同一语言环境、同一种文献类型、同一学科领域、或同一学者(团队)研究课题中，在这种情境下，追随文献 C 可能会出现惰性引用动机，转引文献 B 中关于文献 A 的引文内容，从而导致 C→A 的引文内容与 B→A 的引文内容出现较高的相似度。

在隐形三角引用行为识别中，虽然文献 B 与文献 C 之间没有直接的引用关系与关联，但结合使用—引用转化率、引文内容相似度、耦合强度等多维度判定指标，本章从近 300 万组文献耦合关系中发现了 39276 条隐形三角引用数据。这其中，引用行为的识别建立在理想化的前提和推断之上，部分数据可能带有判断误差，但通过大规模的数据表现出的特征规律、及多个指标综合的识别结果，足以表征隐形三角引用行为在科学界的客观、且普遍存在。其次，在隐形三角引用行为的影响因素分析中，由文献语言、文献类型、学科领域影响的间接引用文献 A 是真实存在的，由文献 A、文献 B 的期刊影响力、自身影响力、发表时间差距影响的刻意不引文献 B 也真实存在。虽然，隐形三角引用行为中作者刻意的主观动机无法通过文献来源信息直接判断，但由文献特征等客观因素影响的引用动机则可以通过大规模数据间接表现出来，并足以表征隐形三角引用这种不规范引用现象存在的必然性。

本节在间接三角引用与隐形三角引用结构的基础上进一步延伸，提出另外两种引用形式：文献 C 通过文献 A 的施引文献列表，对文献 B 施加间接引用或隐形引用行为。因此，根据文献 A、B、C 三方的引用行为与阅读行为，共包括四种三角引用形式，分别为：A 与 C 的间接三角引用(图 5-16a)、表现为耦合的隐形三角引用(图 5-16b)、B 与 C 的间接三角引用(图 5-16c)、表现为连续引用的隐形三角引用(图 5-16d)。在图 5-16 中，虚线代表仅参考、未真实引用的文献关系，实线代表发生了实际引用的文献关系，灰线代表在未阅读原文的情况下施加引用的关系。

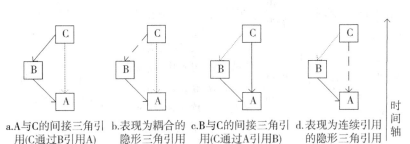

a.A与C的间接三角引用(C通过B引用A)　b.表现为耦合的隐形三角引用　c.B与C的间接三角引用(C通过A引用B)　d.表现为连续引用的隐形三角引用

图 5-16　引用动机视角下的几种三角引用形式

从具体发生的引用行为、阅读行为、引用情境与引用动机四个方面，对以上四种形式的三角引用结构进行辨析，见表 5-10。

表 5-10　　　　四种三角引用形式的引用情境辨析

引用结构	图形表示	引用行为	阅读行为	引用情境	引用动机
A 与 C 的间接三角引用		B→A C→A C→B	文献 C 作者未阅读 B	文献 C 作者阅读、学习 B 时，发现了 B 的参考文献 A，在未阅读原文的情况下间接引用 A	受语言、文献类型或学科差异等的影响，产生对文献 A 的惰性引用动机
表现为耦合的隐形三角引用		B→A C→A	文献 C 作者未阅读 A	文献 C 作者阅读、学习 B 时，发现了 A 的参考文献 B，在未阅读 B 的情况下间接引用 A，但未引用 B	选择权威度较高的文献 A 引用，等
B 与 C 的间接三角引用		B→A C→A C→B	文献 C 作者未阅读 B	文献 C 作者检索文献 A 时，在 A 的引用网络发现了被引文献 B，并对文献 B 施加引用	受发表时间、语言或学科差异等的影响，产生对文献 B 的惰性引用动机

163

续表

引用结构	图形表示	引用行为	阅读行为	引用情境	引用动机
表现为连续引用的隐形三角引用	C B A	B→A C→B	文献 C 作者未阅读 A	文献 C 作者阅读、学习 A 时，发现了 A 的施引文献 B，在未阅读 B 的情况下间接引用 A，但未引用 A	选择时效性较近的新文献 B 引用，等

在科学论文撰写过程中，文献引用应遵循"引用第一手资料或原始信息"的原则。① 在文献 A 与文献 C 的间接三角引用结构（图 5-16a）中，文献 C 作者可能出于某些主观上的负面引用动机，如为引用而引用的惰性习惯、增加参考文献数量、文献 A 的全文获取局限、文献 A 的非母语阅读障碍等，在未阅读文献 A 原文的情况下，通过文献 B 中关于文献 A 的引文内容信息间接对文献 A 施加转引。在文献 B 与文献 C 的间接三角引用结构（图 5-16c）中，文献 C 作者则是为提高参考文献时效性而进行的一种间接式检索，借助文献 A 的施引文献列表，寻找与文献 A 主题相近的其他参考文献，这其中并不能从中介文献 A 中直接进行引文内容与题录信息转引。

因此，在文献 B 与文献 C 的间接引用行为中，文献 C 是在阅读文献 B 原文的情况下施加引用行为，并不会对文献引用规范、引用频次计数产生显著影响，该引用方式可作为文献检索与科技查新的手段与方法。然而，文献 A 与文献 C 的间接引用行为则会在一定程度上助长学术领域的不规范引用行为和不严谨学风。由于作者未亲自阅读文献 A 的原文内容，在引用过程中可能对文献内容的表达存在一定局限性，从而容易出现断章取义、以讹传讹的现

———————

① 陈浩元. 科技书刊标准化 18 讲[M]. 北京：北京师范大学出版社，2000.

象，在一定程度上降低论文与研究本身的科学性、严谨性;① 另外，文献 C 因过度追求经典文献、高被引文献，在一定程度上会导致原始文献 A 的被引频次虚高等问题，而实际上这些被转引次数多来自中间文献的间接影响力。例如，Shadish 等、Case 和 Higgins 在经典文献中发现了"低质高引"问题,②③ 由于一些研究理论或方法已过时，研究者引用其的目的仅仅是通过权威文献来说服读者，然而这些研究在当前研究背景下可能并非真正的高质量文献。

其次，两种隐形三角引用结构(图 5-16b 与图 5-16d)则是受"马太效应"或"引用时效性"等引用偏好问题的影响。其中，文献 C 作者通过文献 B 对文献 A 施加间接引用，但受文献 A、文献 B 期刊影响力、自身被引影响力、发表时间差距等因素影响，在实际引用中刻意不引文献 B;又或者文献 C 的作者为了保证参考文献的时效性，通过原始文献 A 的被引文献集合，发现并引用与其主题相关的、新近发表的文献 B，但在实际引用中刻意不引用发表时间较久的旧文献 A。

在以上两种受引用偏好影响的隐形三角引用行为中，均存在"匿引"问题，在一定程度上打破了学术研究的严谨性、权威性和严肃性。一方面，盲目引用非必要的参考文献、刻意舍弃合理的引用内容，会在一定程度上出现内容表达紊乱、论文整体性与连贯性欠缺等现象。另一方面，从影响力评价角度，这种行为掩盖了文献的真实价值，可能导致被转引文献的被引泡沫，同时又会埋没中间文献的学术价值，从而在一定程度上降低学术评价的真实性与公平性。

---

① 金铁成. 从著作权法的角度审视学术期刊中的文献转引现象[J]. 科技与出版，2006(4)：65-66.

② Shadish W R, Tolliver D, Gary M, et al. Author judgements about works they cite: three studies from psychology journals [J]. Social Studies of Science, 1995, 25(3): 477-498.

③ Case D O, Higgins G M. How can we investigate citation behavior? A study of reasons for citing literature in communication[J]. Journal of the Association for Information Science and Technology, 2000(7): 635-645.

5.4 本章小结

间接三角引用机制是科学文献中三角引用结构产生的内在机制。一方面，本书从引用行为角度，对该引用机制的覆盖范围进行测度；另一方面，本书基于最省力法则、马太效应理论等，对该引用机制的影响因素进行分析，发现了间接三角引用机制及其作用下的不规范引用行为广泛、隐蔽存在的必然性与危害性。

其中，间接引用行为是一种危害较大的不当引用行为，作者引用的不是自己亲自阅读过的原文，而是复制了某篇文献中他人所引用的参考文献。一方面，由于机械地抄袭和记录，会降低论文的可读性、科学性和严谨性。另一方面，作者在没有阅读全文情况下可能出现断章取义、引用格式错误等问题。同时，间接引用的次数越多，出现错误的机会越多，由此造成的社会影响就越严重。例如，Evans 通过核查三种医学期刊论文的参考文献，发现 48% 的引用都是错误的，结果表明"一些论文作者并没有核查过他们的参考文献，甚至没有阅读过参考文献原文"[1]。Eichorn 等也核查了三种健康学领域论文的 150 篇参考文献，发现存在 1/3 的引用错误。[2]

隐形三角引用行为违背了科学的普遍主义，会对科学工作产生一定范围的负面影响。在期刊影响力、出版时间、文献自身被引影响力等因素的影响下，作者倾向于引用被认为"权威"的文献 A，而忽略文献 B。一方面，这种行为掩盖了文献的真实价值，导致文献 A 的被引泡沫，同时埋没文献 B 的学术价值，造成引文分析的开展建立在虚假的数据资料之上，从而影响期刊评价、论文影响力评价以

---

① Evans J T, Nadjari H I, Burchell S A. Quotational and reference accuracy in Surgical journals-a continuing peer-review problem[J]. Journal of the American Medical Association, 1990, 263(10): 1353-1354.

② Eichorn P, Yankauer A. Do authors check their references? A survey of accuracy of references in 3 public-health journals[J]. American Journal of Public Health, 1987, 77(8): 1011-1012.

及人才评估等文献情报工作。另一方面，这一行为使权威文献、权威出版物更容易成为高被引对象，而中间文献 B 的科学传递与交流受到抑制。Jonathan 等在研究中发现，科学系统内部根据荣誉奖励、职业位置和知名度形成一定的等级结构，它会反作用于个体及其成果的被关注度和被接受程度，形成科学界的社会分层。①

　　因此，在进行引文分析与评价时，可以通过技术手段提前识别并排除这些引文相似度较高的不规范引用，以增强引文分析的可靠性。其次，科学界整体对不规范、不合理引用行为的正确认识更是决定引文分析能否作为学术评价工具的最终判断依据。科学界、期刊应共同重视引文不当问题的紧迫性和重要性，逐步推出针对不当引用行为的监督、奖励机制，鼓励广大学者发现、修正间接三角引用、隐形三角引用等不合理引用问题。相关科研管理机构和作者单位要高度重视文献情报的管理工作，建立和健全各种类型科研文献的全文存储与开放获取平台，尽可能为学者提供多语言、多种文献类型的文献信息资源，以避免作者因借阅不到原始文献而进行间接引用等行为。对于期刊编审人员，应重视参考文献的规范化著录，对参考文献引用是否得当及准确性提出意见，同时对存在严重虚假引用、错误引用或不规范引用的稿件严肃处理或不予录用。最后，作者自身也要提高对参考文献重要性的认识，重视参考文献的选择和著录。论文所引用的参考文献应限于作者亲自阅读过的、与论文有密切关联的文献。同时，作者不应将参考文献的数量、语种、来源期刊、来源机构等作为权衡参考文献质量唯一或过于重要的标准，参考文献无论是出自"名家之手"还是出自"无名小卒"，均应基于对前人研究成果的尊重而如实地在文中予以标识，并在文后参考文献中著录。

　　在下一章中，我们将针对这些不合理引用机制、不规范引用行为，从影响力评价模型与政策治理角度，提出有针对性的解决方案。

167

---

　　①　乔纳森．科尔，斯蒂芬．科尔．科学界的社会分层[M]．赵佳苓，顾昕，黄绍林，译．北京：华夏出版社，1989.

6　应用三角引用机制的文献影响力评价与引用行为治理

引用参考文献通常是指作者在从事科学研究中为说明问题、引证论据、撰写论文而引用的有关文献信息资源,① 是科学论文的核心关键, 其作用主要表现在:②③④

①参考文献通常注释了引证的文献信息、方法、论据、观点来源, 可彰显作者认真严谨的学术作风和科学态度, 反映论文中可靠、真实的科学依据。

②在一定程度上, 参考文献可体现作者对某一研究领域认识的深度与知识融合的广度。

③体现科学知识与科学文献的创新迭代, 同时反映论文研究与前人探索结果的差异, 使读者对论文的研究意义、研究价值一目了然, 减少不必要的重复研究。

④能起到文献检索、网络链接的作用, 为读者查阅原始资料、

168

①　王秀元, 杨学作, 彭庆吉. 参考文献著录规则及常见问题探析——以《山东国土资源》为例[J]. 山东国土资源, 2015, 31(6): 81-84.

②　方秀菊. 对参考文献作用及规范化著录的探讨[J]. 浙江科技学院学报, 2003(4): 250-254.

③　杨丽. 学术期刊参考文献规范化问题探讨——以图书情报专业核心期刊为例[J]. 图书馆论坛, 2010, 30(1): 18-20, 154.

④　朱大明. 略论引文表述的基本模式及注意事项[J]. 中国科技期刊研究, 2011, 22(3): 430-432.

检索文献提供方便，进而更好地促进学术交流。

⑤参考文献直接反映了撰写论文的研究问题、论据、背景等，能够最大限度地体现学术研究的发展性、相关性、继承性，体现作者对前人学术成果的尊重和保护。

⑥有利于节省论文篇幅和叙述方便，避免作者不必要地重复论述已有观点、方法、结果及结论。

⑦参考文献中包含了学科和专业领域的学术信息与知识，能够使科研人员快速统计参考文献数据及相关信息，从而促进文献情报学、科技情报学的发展。另外，参考文献的引用与期刊影响因子、论文被引频次有着密切联系，是有效进行科学计量评价的核心指标。

参考文献的正确、合理、充分引用在学术传播和发展过程中发挥着不可测量的重要作用和广泛影响。① 自 2002 年以来，国务院、国家新闻出版署、中国科协、教育部、科技部等管理部门先后发布了一系列学术规范相关的文件。其中，教育部于 2002 年颁发了关于学术出版规范的条例细则《关于加强学术道德建设的若干意见》，提倡各大高校将强化学术规范与学术道德作为核心任务；2009 年，我国科技教育部门也随之颁布了规范学术文献引用的细则，如《科研活动诚信指南》明令禁止学术研究领域任何不规范、不科学的研究活动；教育部办公厅于 2019 年发布《关于进一步规范和加强研究生培养管理的通知》，强调加强研究生群体的学术规范与学术道德教育，并建议落实培养单位与个人的主体责任；2020 年 6 月，我国新闻出版署也发出有关学术研究规范的《报纸期刊质量管理规定》，对期刊和报纸的内容质量、编校质量、出版形式质量及其差错率做出明确规定，以加强出版行业的质量管理和秩序。② 因此，在海量学术文献背景下，如何科学、正确、合理引用参考文献，是

169

① 　陶范．参考文献引用原则辨析［J］．编辑学报，2006（4）：252-254.

② 　国家新闻出版署．国家新闻出版署关于印发《报纸期刊质量管理规定》的通知［EB/OL］．［2022-01-10］．https：//www.nppa.gov.cn/nppa/contents/279/74416.shtml.

科研工作者撰写论文的关键环节之一。

在前一章中，由于语言、文献类型、学科领域、期刊影响力、发表时间、论文被引影响力等方面差异，而引发的文献间接引用机制、学者间接引用行为普遍存在，其导致了被转引文献的被引频次表面虚高和马太效应问题，影响了学术评价体系的客观、公正和真实。因此，本章基于三角引用结构中的间接影响力机制，通过量化模型对原始文献 A 的被引频次进行过滤，提高引用数据的真实度与客观性。并基于科学共同体视角，提出针对不规范、不正当引用行为的治理措施与规范建议，促进多元主体参与学术生态系统建设。

6.1 科学文献引用过滤模型构建

6.1.1 科学引用泡沫的产生

科学文献是学者在科技创新活动中的主要产出形式，是反映一个学科领域基础研究和应用研究的创新成果，同时也是衡量学者、机构、期刊等科学参与主体学术水平与科研能力的重要标志。[1] 近年来，随着国际研究环境急剧变化、研究水平不断提高，人均科研成果的产出效率加快，研究文献的总量也随之大幅度增加，[2] 这给学者在科学研究中的文献调研与阅读工作增加了难度。一篇期刊文献引用的参考文献达到了几十篇，甚至上百篇，显然，大部分学者很难在短时间内阅读完全部的参考文献原文。由此，为引用而引用的参考文献转引等不规范引用行为和现象变得普遍，并导致被转引论文的被引频次表面虚高，而实际上这些被引则多来自中间文献的

---

① 唐继瑞，叶鹰. 单篇论著学术迹与影响矩比较研究[J]. 中国图书馆学报，2015(2)：4-16.

② 卫军朝，蔚海燕. 科学结构及演化分析方法研究综述[J]. 图书与情报，2011(4)：48-52.

间接影响力，即"引用泡沫"。文献中的引用泡沫掩盖了被引文献的真实价值，使高被引文献更容易再次成为被引的对象，而低被引、零被引文献却更容易无人问津。另外，引用泡沫也造成引文分析的开展建立在虚假的数据资料基础之上，从而影响期刊评价、论文影响力评价以及人才评估等文献情报工作的正常开展。

在我国，论文总被引频次已被广泛应用于科学技术人才评价，如自然科学基金课题申报、长江学者评选、自然科学奖励及两院院士遴选等。以存在严重泡沫的论文总被引次数来评价科技人才，违反了现代社会制度客观和公正的原则，还会导致消极的社会示范效应，使科研人员对制造论文引用泡沫的行为趋之若鹜，造成学术界的论文引用泡沫越来越严重。

综上，去除科学文献被引次数的泡沫，客观、公正反映文献真实的内在价值是一项重要且必要的工作。本书将两级传播理论融合到科学文献的三角引用结构中，分析三角引用中文献间接影响力的传播机制，并构建在复杂引文网络中具有普适性的引用泡沫过滤模型。通过文献样本数据进行实证分析，对比引用泡沫过滤前、后的被引频次，评估该过滤模型的评价效果。

6.1.2 基于三角引用的文献影响力传播机制分析

目前，引文的影响力评价既可以通过数学模型建立定量评价指标，还可以从引用文本的定性角度构建评价方法。Bonzi 通过被引文献的呈现方式和被引文献中出现的频率来判断被引文献的影响力程度，发现大多数被引文献只是被作者简要提及，这对确定被引文章的主题研究没有帮助。[①] Macroberts 和 Macroberts 比较了遗传学领域中引用文本与施引文献、被引文献之间的主题相关性，并将它们分为有影响力和无影响力的类别，发现施引作者会有一定的隐瞒

171

① Bonzi S. Characteristics of a literature as predictors of relatedness between cited and citing works[J]. Journal of the American Society for Information Science, 1982, 33(4): 208-216.

行为，如用平实的语言来描述对文章研究过程有重要的作用的参考文献，掩盖了被引用文献的真实影响。① Wan 和 Liu 认为科学文献中的引文并不同等重要，他们将引文文本按引用重要性程度分为 5 个等级，并将其设为因变量，以引文出现的次数、位置、间隔发表时间、引文发生的平均密度等作为自变量进行回归分析，初步评估结果证明了引用强度值的有用性。② 李铮等融合引用强度、引用位置、引用情感等多维因素，并结合作者贡献度，提出基于引文的学术影响力评价指标 AAI，相比于简单的被引次数，该指标具有较高的评价区分度。③

综上所述，目前基于引用频次的相关研究主要聚焦于运用数学模型、文献外部特征等建立学术评价指标或评价方法，仍局限于引文评价的固有缺陷，未对不同引用关系的施引动机、施引性质、及引用重要性加以区分。此外，基于引文内容信息，例如引用位置、引用功能或引用情感构建的学术评价指标或方法涉及全文本抽取与内容分析，在学术评价实际应用中的实用性与可行性较低。因此，本书基于三角引用结构中的间接引用机制，引入传播学领域的两级传播理论，降低间接引用关系在被引频次计数中的权重，构建科学文献引用泡沫过滤模型，以客观、公正、真实地对科学文献的影响力予以计算。

两级传播理论是传播学四大先驱之一——美国传播学家 Lazarsfeld 的一大发现，也是大众传播研究领域的重要理论基石。④ 该理论将信息传播过程凝练为两步，第一步是从信息源，通过大众

---

①　Macroberts M H, Macroberts B R. Quantitative measures of communication in science-a study of the formal level[J]. Social Studies of Science, 1986, 16(1): 151-172.

②　Wan X J, Liu F. Are all literature citations equally important? Automatic citation strength estimation and its applications[J]. Journal of the Association for Information Science and Technology, 2014, 65(9): 1929-1938.

③　李铮, 邓三鸿, 孔嘉, 张艺炜. 学者学术影响力识别研究——基于引文全数据的视角[J]. 图书情报工作, 2020, 64(12): 87-94.

④　罗杰斯 E M. 创新的扩散[M]. 北京: 电子工业出版社, 2016.

媒介传递到意见领袖，即信息流动的第一个阶段；第二步是从意见领袖到追随者的人际传播，即信息传播过程的第二个阶段。在两级传播过程中，信息传播并不是一个简单的、直接的线性过程，而是具有多层次性和复杂性。其中，信息传播主体和渠道在人们信息获取和决策中发挥着不同的角色和功能。①② 意见领袖起着重要的中介角色和作用；大众传播渠道影响广泛，在人们的认知阶段发挥着重要作用，而人际传播渠道具有很强的渗透性和针对性。③

　　类比于两级传播理论，在科学文献间的知识传播过程，同样存在一种参考文献引用的两级传播机制——间接三角引用机制，见图6-1。

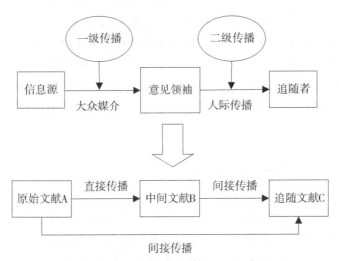

图 6-1　基于两级传播理论的三角引用机制示例图

　　① 刘强. 传播学受众理论论略［J］. 西北师大学报（社会科学版），1997（6）：97-101.
　　② 张益明. 基于两级传播理论的卷烟品牌口碑传播［J］. 中国烟草学报，2015，21（1）：112-118.
　　③ 赵荣，潘薇. 两级传播理论在情报用户研究中的引入［J］. 农业图书情报学刊，2007，19（2）：22-24.

原始文献 A 首先将知识直接传递给中间文献 B，此为"直接传播阶段"。其次，追随文献 C 在阅读并引用中间文献 B 的同时，出于某些主观上的负面引用动机（如，为引用而引用的惰性习惯、文献 A 的全文获取权限、文献 A 的跨语言阅读障碍等），通过中间文献 B 中关于文献 A 的引文内容信息，间接对原始文献 A 施加引用，此为"间接传播阶段"。在基于间接三角引用机制的知识传递过程中，文献 A 发表之后通过直接传播渠道影响了文献 B 的作者，将知识直接传递给文献 B；而文献 B 又充当中间人角色，进一步将知识传递给追随文献 C。

从文献的学术影响力视角，正如两级传播模型中的两个阶段，间接三角引用结构中文献 A 收获到文献 B 与文献 C 的两次被引并不能完全被等同。其中，文献 B 对文献 A 的引用属于文献 A 自身影响力产生的直接结果，而文献 C 对文献 A 的引用则来自中间文献 B 的中介影响力。因此，文献 A 在由文献 B 向文献 C 的传播过程中，其影响力减弱，需要文献 A 被引用泡沫进行过滤，以客观、公正、真实地反映科学文献的学术价值与学术影响力。

6.1.3 引用过滤模型构建

首先，直接引用、文献耦合与共被引结构中仅有两两文献间的直接引用关系，无冗余的间接引用关系存在。因此，以上三种引用结构中所有文献的被引频次均计数为 1，具体示意图如图 6-2 所示，每个方框内文献后的数字表示经过过滤后，该文献被引频次的累加结果。

其次，当文献之间存在间接引用联系时，即在三角引用结构中，文献 A 来自文献 C 的被引频次是通过中间文献 B 的影响力获得的，因此将 C→A 的引用频次过滤为 0.5，A、B、C 三方文献的被引频次计数如图 6-3 所示。

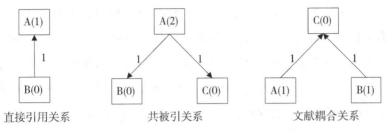

直接引用关系　　　　　共被引关系　　　　　文献耦合关系

图 6-2　无间接引用结构的被引频次计数

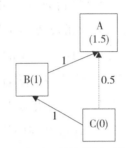

图 6-3　三角引用结构的被引频次计数

　　最后，在三角引用结构的基础上迭代一层后，共有以下三种引用结构，按照直接引用与间接引用关系的被引频次计数方法，文献 A、B、C、D 的被引频次计数如图 6-4 所示。

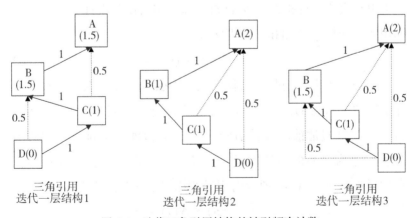

三角引用　　　　　　　三角引用　　　　　　　三角引用
迭代一层结构1　　　　迭代一层结构2　　　　迭代一层结构3

图 6-4　迭代三角引用结构的被引频次计数

以图 6-2、图 6-3、图 6-4 的三种引用结构包含了复杂引文网络中科学文献之间的全部引用形式。在此基础上，建立引文网络中任意一个节点的被引频次计数算法，即直接引用频次与间接引用频次的加和。其中，若 P 表示引文网络中一个节点 M（一篇科学文献）所获得的直接引用频次计数之和，Q 表示该节点 M 在引文网络所获得的间接引用频次计数之和；p 表示指向节点 M 的所有无冗余链接数量；q 表示直接指向节点 M、且具有其他冗余连接的链接数量，d_i 表示第 i 个冗余链接所拥有的层级数（例如，在三角引用结构中，文献 C 指向文献 A 的链接为 C→B→A，层级数为 3）。在间接引用频次计数中，随着层级数增多，文献 M 学术影响力的传播将越来越弱，而直接引用频次均为真实的引用，计数为 1。直接引用频次计数 P 与间接引用频次计数 Q 的计算公式分别如下：

$$P = p \times 1 \tag{6-1}$$

$$Q = \sum_{i=1}^{q} \frac{1}{d_i - 1} \tag{6-2}$$

引文网络中节点 M（即科学文献 M）在过滤间接引用泡沫后，其被引频次计数总和表示为 $N(f)$，即直接引用频次计数 P 与间接引用频次计数 Q 的加和，见式（6-3）。

$$N(f) = P + Q \tag{6-3}$$

此外，为直观判断一篇科学文献中引用泡沫存在的多少、量化引用泡沫过滤的效果，本书建立引用泡沫的过滤比例指标 R。科学文献 M 过滤前的原被引频次 $N(b)$ 与过滤后的被引频次计数 $N(f)$ 之差为过滤的泡沫数量，将过滤泡沫数量（差值）除以过滤前的原被引频次 $N(b)$ 即为引用过滤比例指标 R，见式（6-4）。

$$R = \frac{N(b) - N(f)}{N(b)} \tag{6-4}$$

6.2 引用过滤实验与影响力评价效果分析

6.2.1 数据集描述

本书以前一章中 40 篇原始文献 A 作为目标过滤文献样本，其中为保证样本文献的代表性和多样性，选择过程如下：以 Web of Science(WoS)数据库作为数据来源；考虑到学科差异，根据 WoS 学科分类体系选取了医学与生物学、心理学、管理学、化学、物理学、数学、计算机科学、图书情报科学共 8 个学科的数据，并根据文献的被引频次分层抽样；文献类型同时包含 Article、Review、Proceedings Paper。最后，选取表 6-1 中 40 篇样本书献作为本书引用泡沫过滤模型的评价对象，每篇目标过滤文献的学科、发表期刊、使用量 Usage 计数、语言、文献类型、出版年份、是否为 ESI 高被引论文(top paper)、DOI 号等文献信息见表 6-1。

6.2.2 引用频次过滤结果

确定目标过滤文献后，获取样本文献对应的被引文献集合、二级被引文献集合(即目标过滤文献被引文献的被引文献)，并基于目标过滤文献与被引文献集合、被引文献集合与二级被引文献的引用关系，分别建立关于 40 篇目标过滤文献的 40 个引文网络。其次，根据式(6-1)、式(6-2)计算 40 篇文献的间接引用频次计数 Q 与直接引用频次计数 P。最后，将两方加和、计算过滤后的被引次数 $N(f)$，以及过滤比例 R，各项指标计算结果如表 6-2所示。

177

表 6-1　　目标过滤文献集合的基本信息统计

序号	学科	使用量	语言	文献类型	出版年份	高被引论文	DOI
1	医学与生物学	80	English	Review	2013	Y	10.1371/journal.pone.0080633
2	医学与生物学	21	English	Article	1993	N	10.1097/00001888-199306000-00002
3	医学与生物学	27	English	Article	2009	N	10.1016/j.fertnstert.2008.09.018
4	医学与生物学	105	English	Proceedings Paper	2015	Y	10.1073/pnas.1508520112
5	医学与生物学	28	English	Article	2003	N	10.1016/S0272-7358(03)00031-X
6	心理学	30	English	Article	1973	N	10.1037/h0035592
7	心理学	266	English	Article	2013	Y	10.1037/a0031808
8	心理学	27	English	Article	1983	N	10.1037/0003-066X.38.4.399
9	心理学	77	English	Article	2000	N	10.1037//0022-0663.92.2.316
10	心理学	59	English	Article	2016	Y	10.1016/j.dr.2016.06.004
11	管理学	259	English	Article	2005	N	10.1002/smj.439
12	管理学	325	English	Article	2001	N	10.1016/S0883-9026(99)00054-3
13	管理学	345	English	Review	1999	N	10.1016/S0149-2063(99)00008-2
14	管理学	186	English	Article	2008	N	10.1016/j.ijpe.2008.07.008
15	管理学	152	English	Article	2012	Y	10.1016/j.ijpe.2011.05.011

序号	学科	使用量	语言	文献类型	出版年份	高被引论文	DOI
16	化学	905	English	Article	2010	Y	10. 1039/c0cc02990d
17	化学	1859	English	Review	2015	Y	10. 1021/acs. accounts. 5b00369
18	化学	300	English	Article	2018	Y	10. 1126/sciadv. aar3208
19	化学	378	English	Article	2008	N	10. 1002/adma. 200800030
20	化学	795	English	Article	2007	N	10. 1021/ja0751781
21	物理学	22	English	Article	1994	N	10. 1103/PhysRevD. 49. 6410
22	物理学	210	English	Article	2017	Y	10. 1103/RevModPhys. 89. 025003
23	物理学	34	English	Article	2010	Y	10. 1088/0004-637X/724/2/1044
24	物理学	161	English	Article	1997	N	10. 1063/1. 366523
25	物理学	26	English	Article	2007	N	10. 1016/j. cpc. 2006. 11. 008
26	数学	52	English	Article	2010	Y	10. 1088/0031-8949/82/06/065003
27	数学	26	English	Article	2003	N	10. 1023/A：102538483210б
28	数学	28	English	Article	2004	N	10. 1016/j. crma. 2004. 08. 006
29	数学	57	English	Article	1996	N	10. 1002/(SICI) 1097-0207
30	数学	65	English	Article	2013	Y	10. 1016/j. apm. 2012. 04. 004

179

续表

序号	学科	使用量	语言	文献类型	出版年份	高被引论文	DOI
31	计算机科学	388	English	Article	2017	Y	10.1109/JBHI.2016.2636665
32	计算机科学	723	English	Review	2015	Y	10.1038/nature14541
33	计算机科学	21	English	Article	2007	N	10.1109/TIE.2007.906994
34	计算机科学	126	English	Article	2009	N	10.1016/j.cell.2009.04.048
35	计算机科学	2	English	Proceedings Paper	2002	N	10.1109/COCINF.2002.1039280
36	图书情报科学	383	English	Article	2014	N	10.1002/asi.23071
37	图书情报科学	407	English	Article	2014	Y	10.1016/j.joi.2014.09.005
38	图书情报科学	169	English	Article	2016	Y	10.1002/asi.23456
39	图书情报科学	115	English	Article	2017	N	10.1016/j.joi.2016.12.002
40	图书情报科学	99	English	Article	1986	N	10.1007/BF02017249

表6-2 引用泡沫过滤过程中各项指标计算结果

序号	学科	DOI	被引量	间接被引 Q	直接被引 P	过滤被引计数 N(f)	过滤比例 R
1	医学与生物学	10.1371/journal.pone.0080633	468	113.5	241	354.5	24.25%
2	医学与生物学	10.1097/00001888-199306000-00002	421	138	145	283	32.78%
3	医学与生物学	10.1016/j.fertnstert.2008.09.018	220	80	60	140	36.36%
4	医学与生物学	10.1073/pnas.1508520112	270	26	218	244	9.63%
5	医学与生物学	10.1016/S0272-7358(03)00031-X	184	46.5	91	137.5	25.27%
6	心理学	10.1037/h0035592	647	235.5	176	411.5	36.40%
7	心理学	10.1037/a0031808	565	124.5	316	440.5	22.04%
8	心理学	10.1037/0003-066X.38.4.399	268	64.5	139	203.5	24.07%
9	心理学	10.1037//0022-0663.92.2.316	415	174.5	66	240.5	42.05%
10	心理学	10.1016/j.dr.2016.06.004	366	20.5	325	345.5	5.60%
11	管理学	10.1002/smj.439	528	190	148	338	35.98%
12	管理学	10.1016/S0883-9026(99)00054-3	402	130.5	141	271.5	32.46%
13	管理学	10.1016/S0149-2063(99)00008-2	357	87	183	270	24.37%
14	管理学	10.1016/j.ijpe.2008.07.008	331	122.5	86	208.5	37.01%
15	管理学	10.1016/j.ijpe.2011.05.011	265	68.5	128	196.5	25.85%

续表

序号	学科	DOI	被引量	间接被引 Q	直接被引 P	过滤被引计数 $N(f)$	过滤比例 R
16	化学	10. 1039/c0cc02990d	477	222. 5	32	254. 5	46. 65%
17	化学	10. 1021/acs. accounts. 5b00369	682	272. 5	137	409. 5	39. 96%
18	化学	10. 1126/sciadv. aar3208	154	66	22	88	42. 86%
19	化学	10. 1002/adma. 200800030	307	147. 5	12	159. 5	48. 05%
20	化学	10. 1021/ja0751781	495	231	33	264	46. 67%
21	物理学	10. 1103/PhysRevD. 49. 6410	862	412. 5	37	449. 5	47. 85%
22	物理学	10. 1103/RevModPhys. 89. 025003	379	107. 5	164	271. 5	28. 36%
23	物理学	10. 1088/0004-637X/724/2/1044	587	276	35	311	47. 02%
24	物理学	10. 1063/1. 366523	437	160. 5	116	276. 5	36. 73%
25	物理学	10. 1016/j. cpc. 2006. 11. 008	480	223. 5	33	256. 5	46. 56%
26	数学	10. 1088/0031-8949/82/06/065003	339	124. 5	90	214. 5	36. 73%
27	数学	10. 1023/A: 1025384832106	393	156. 5	80	236. 5	39. 82%
28	数学	10. 1016/j. crma. 2004. 08. 006	643	312. 5	18	330. 5	48. 60%
29	数学	10. 1002/(SICI) 1097-0207	550	235. 5	79	314. 5	42. 82%
30	数学	10. 1016/j. apm. 2012. 04. 004	419	168. 5	82	250. 5	40. 21%

续表

序号	学科	DOI	被引量	间接被引 Q	直接被引 P	过滤被引计计数 N(f)	过滤比例 R
31	计算机科学	10.1109/JBHI.2016.2636665	392	70.5	251	321.5	17.98%
32	计算机科学	10.1038/nature14541	435	44	347	391	10.11%
33	计算机科学	10.1109/TIE.2007.906994	146	49.5	47	96.5	33.90%
34	计算机科学	10.1016/j.cell.2009.04.048	298	129	40	169	43.29%
35	计算机科学	10.1109/COGINF.2002.1039280	125	41.5	42	83.5	33.20%
36	图书情报科学	10.1002/asi.23071	131	46	39	85	35.11%
37	图书情报科学	10.1016/j.joi.2014.09.005	176	55	66	121	31.25%
38	图书情报科学	10.1002/asi.23456	88	17.5	53	70.5	19.89%
39	图书情报科学	10.1016/j.joi.2016.12.002	43	11	21	32	25.58%
40	图书情报科学	10.1007/BF02017249	300	119	62	181	39.67%

6.2.3　使用次数与引用过滤结果的关系分析

　　WoS 数据库平台中论文的使用数量(Usage)是 Web of Science 平台所有用户访问论文全文链接或保存记录的次数,捕获了用户试图获取全文的各种操作。[①②] 在间接三角引用结构中,追随文献 C 是在未阅读文献 A 原文的情况下,通过文献 B 的影响力和原文信息对文献 A 施加间接引用,导致文献 A 的被引计数存在引用泡沫,但并不会对文献 A 的使用次数产生影响,因此,使用次数 Usage 指标能够相对真实地记录文献 A 的被阅读情况和实际影响力。为了对比引用过滤实验前后的评价效果,在对 40 篇科学文献进行引用泡沫过滤后,分别将过滤前、后的被引频次计数结果与文献在 Web of Science 平台获得的使用量 Usage 数据进行 Pearson 相关性分析。[③] 过滤前被引频次 $N(b)$、过滤后被引频次计数 $N(f)$ 与使用量 Usage 的 Pearson 相关系数计算结果如表 6-3 所示。

表 6-3　过滤前、后被引频次计数值与使用量的相关性矩阵

	指标	Usage	$N(b)$	$N(f)$
Usage	Pearson 相关系数	1	0.029	0.072
	显著性(双尾)		0.860	0.659
$N(b)$	Pearson 相关系数	0.029	1	0.9**
	显著性(双尾)	0.860		0.000
$N(f)$	Pearson 相关系数	0.072	0.9**	1
	显著性(双尾)	0.659	0.000	

注:** 在 .01 水平(双侧)上显著相关。

---

① 付中静. WoS 数据库收录论文文献级别用量指标与被引频次的相关性[J]. 中国科技期刊研究,2017,28(1):68-73.

② 段鑫龙. Web of Science-5.19 更新介绍[EB/OL]. [2022-01-10]. http://v.qq.com/x/page/n0168 gbqol0.html? ptag=biog_sciencenet_cn.

③ 蔡智澄,何立民. 相关性分析原理在图书情报分析中的应用[J]. 现代情报,2006(5):151-152.

表6-3计算结果显示：过滤前被引频次 $N(b)$、过滤后被引频次 $N(f)$ 与 Usage 的相关系数分别为 0.029、0.072。显然，在过滤掉文献的引用泡沫后，文献的被引频次计数与使用量 Usage 的相关性明显提高，即相比于过滤前未加处理、直接统计的论文被引频次，通过引用过滤模型进行计算的被引频次计数结果能够较客观地反映科学文献的真实被引和真实影响力，本书建立的引用泡沫过滤方法在一定程度上削弱了科学研究工作中间接三角引用机制带来的负面影响，在科学评价与引文分析工作中具有一定的实际应用价值。

6.2.4 高被引论文的引用过滤结果分析

通过样本文献的引用过滤比例 R 计算结果，比较高被引论文与非高被引论文的被引频次在引用泡沫过滤实验中的变化。Web of Science 平台的高被引论文标识(Highly Cited Paper)是指同一年同一个 ESI 学科中发表的所有论文按被引次数由高到低排序，排在前1%的论文。本书将 40 篇科学文献样本按照 8 个学科类别进行分类，并将 8 个学科的文献分别按照过滤比例由小到大排序。图 6-5 显示了每篇论文是否为高被引论文及其对应的过滤比例，各个学科中的高被引论文均用不同颜色重点标注。

学科	高被引论文	过滤比例
医学与生物学	Y	9.63%
医学与生物学	Y	24.25%
医学与生物学	N	25.27%
医学与生物学	N	32.78%
医学与生物学	N	36.36%

学科	高被引论文	过滤比例
化学	Y	39.96%
化学	Y	42.86%
化学	Y	46.65%
化学	N	46.67%
化学	N	48.05%

学科	高被引论文	过滤比例
计算机科学	Y	10.11%
计算机科学	Y	17.98%
计算机科学	N	33.20%
计算机科学	N	33.90%
计算机科学	N	43.29%

学科	高被引论文	过滤比例
心理学	Y	5.60%
心理学	Y	22.04%
心理学	N	24.07%
心理学	N	36.40%
心理学	N	42.05%

学科	高被引论文	过滤比例
物理学	Y	28.36%
物理学	N	36.73%
物理学	N	46.56%
物理学	Y	47.02%
物理学	N	47.85%

学科	高被引论文	过滤比例
图书情报科学	Y	19.89%
图书情报科学	N	25.58%
图书情报科学	N	31.25%
图书情报科学	N	35.11%
图书情报科学	N	39.67%

学科	高被引论文	过滤比例
管理学	N	24.37%
管理学	Y	25.85%
管理学	N	32.46%
管理学	N	35.98%
管理学	N	37.01%

学科	高被引论文	过滤比例
数学	Y	36.73%
数学	Y	39.82%
数学	Y	40.21%
数学	N	42.82%
数学	N	48.60%

图 6-5 引用泡沫过滤比例与 ESI 高被引论文的关系

根据图 6-5 的统计结果,与所属学科全部样本文献相比,ESI 前 1%高被引论文的过滤比例普遍较低,表明高被引论文中存在的被引用泡沫是比较少的,高被引论文中大部分的被引频次来自施引文献真实的、直接的引用。在 8 个学科的 40 篇样本文献中,大部分高被引论文的过滤比例都低于非高被引论文,例如在医学与生物学、化学、计算科学、心理学等学科,过滤比例最低的前几篇文献均是 ESI 前 1%的高被引论文。同时,除管理学领域一篇高被引论文的过滤比例排在第二位之外,其他 7 个学科过滤比例最低的文献均属于 ESI 前 1%高被引论文。引用过滤比例越低,过滤前、后文献被引频次的差异越小,也就意味着对应文献被引频次中存在的引用泡沫较少。

ESI 前 1%高被引论文的筛选结果与低引用过滤比例的一致性,验证了 ESI 识别的高被引、高质量论文,其获得的被引多为直接的一次引用关系,而非复杂的、冗余的多级引用互联。因此,科学论文的质量越高,其对应的文献被引关系越简单、直接和真实。

此外,ESI 前 1%高被引论文的筛选结果与低引用过滤比例的一致性,表明本书建立的引用泡沫过滤模型能够用于识别潜在的高质量、高被引论文。科学论文在获得一定数量的被引后,根据其被引网络进行引用泡沫过滤,若过滤比例较低,则说明该论文的被引质量较好,未来成为高被引论文的潜能越大。

6.2.5 文献发表时间与引用过滤结果的关系分析

最后,为了比较文献发表时间早晚对引用过滤结果的影响,根据 40 篇样本文献的发表年份、引用过滤比例计算结果,构建散点图,结果如图 6-6 所示。同时,为了进一步细致对比不同过滤结果与文献发表时间的联系,还根据引用过滤比例的分布,将 40 篇科学文献的过滤比例分为 $[0,0.1)$、$[0.1,0.2)$、$[0.2,0.3)$、$[0.3,0.4)$、$[0.4,0.5)$ 五个区间,并统计在各个区间中文献的时间分布,不同区间内对应的文献数量及发表年份等相关信息如表 6-4 所示。

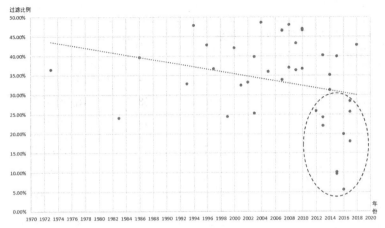

图 6-6 引用泡沫过滤比例与文献发表时间的关系

在图 6-6 所示散点图中，根据样本文献的发表时间与过滤比例构建线性趋势线，可以看到：随着文献发表时间推进，引用泡沫的过滤比例逐渐降低。在 2012 年以后发表的文献中形成了一个比较明显的簇团，大部分文献的引用过滤比例分布在 30% 以下。因此，发表时间越晚的文献，其过滤比例越低；相反，发表时间越久远的文献，其对应的引用过滤比例就越高。这是由于引用泡沫的形成至少需要两次连续引用——样本文献在被施引文献引用之后、施引文献继续被二级施引文献引用，这两次连续引用需要的时间较长。对于发表时间较晚的"老文献"，已积累了复杂的引用联系，从而产生较多的引用泡沫；而对于发表时间较近的"年轻文献"，还未来得及建立复杂的间接引用关系，引用频次中存在的泡沫较少。

表 6-4 引用泡沫过滤比例的分布区间及文献出版年份

引用过滤比例	文献数量（个）	出版年份（年）	文献序号	学科
[0，0.1)	2	2016	10	心理学
		2015	4	医学与生物学

187

续表

引用过滤比例	文献数量（个）	出版年份（年）	文献序号	学科
[0.1，0.2)	3	2017	31	计算机科学
		2016	38	图书情报科学
		2015	32	计算机科学
[0.2，0.3)	8	2017	39	图书情报科学
		2017	22	物理学
		2013	7	心理学
		2013	1	医学与生物学
		2012	15	管理学
		2003	5	医学与生物学
		1999	13	管理学
		1983	8	心理学
[0.3，0.4)	15	2014	37	图书情报科学
		2015	17	化学
		2014	36	图书情报科学
		2010	26	数学
		2009	3	医学与生物学
		2008	14	管理学
		2007	33	计算机科学
		2005	11	管理学
		2003	27	数学
		2002	35	计算机科学
		2001	12	管理学
		1997	24	物理学
		1993	2	医学与生物学
		1986	40	图书情报科学
		1973	6	心理学

续表

引用过滤 比例	文献数量 （个）	出版年份 （年）	文献序号	学科
[0.4, 0.5)	12	2018	18	化学
		2013	30	数学
		2010	16	化学
		2010	23	物理学
		2009	34	计算机科学
		2008	19	化学
		2007	25	物理学
		2007	20	化学
		2004	28	数学
		2000	9	心理学
		1996	29	数学
		1994	21	物理学

　　同样的，在表6-4中可以看到，引用过滤比例20%以下的文献均是发表于2015年以后的新文献；在过滤比例20%至30%区间中，大部分文献也是发表于2010年之后；而在过滤比例30%以上的两个区间中，2010年之后的新文献所占比例骤降，2010年之前发表的文献明显占了绝大多数。相比于发表久远的文献，发表时间较短的文献在时间上未能有机会形成较多、较复杂的引用网络，大部分为无间接联系的一次引用关系，进而引用泡沫较少、引用泡沫的过滤比例较低。

　　一篇论文发表的年份越早，其被引用的数量可能越多。在现有的科学评价工作中，由于被引频次的时间累计性问题，一些发表年份较早、资历较老的科学文献在被引数量上具有较大的时间优势。[1][2] 因

---

①　邱均平，缪雯婷. 文献计量学在人才评价中应用的新探索——以"h指数"为方法[J]. 评价与管理，2007(2)：1-5.

②　韩毅，夏慧. 时间因素视角下科研人员评价的Pt指数研究[J]. 中国图书馆学报，2015(6)：73- 85.

此，目前大部分的科学定量评价工作往往忽略了一些质量较高，但受发表时间影响、未积累足够被引数量的年轻文献。发表时间较久、较经典的文献为我们提供了重要的研究基础，但这些反映科研新动态、学科新进展的年轻文献仍不可埋没，科学研究正是需要通过这些新文献、新研究来对一个学科领域进行不断的探索和突破。因此，通过文献发表时间与过滤比例的负向线性关系，表明本书构建的科学文献引用过滤模型能够较大程度上过滤掉发表时间较早文献的引用泡沫，缓解科学文献时间累积性问题和马太效应问题，避免新近发表文献在被引频次计数中的劣势地位，相对科学、公正、真实地对不同发表时间段、不同年龄的科学文献进行评价。同时，本书构建的引用过滤模型对高质量、年轻的学术成果具有较好的筛选能力，评价结果能够使高质量的新文献、新成果、新发现尽快地被发现。

6.3 科学共同体视角下引用不规范行为治理

引文数据的准确性问题除了通过技术手段予以识别或通过量化模型改进之外，科学界整体对不规范、不合理引用行为的正确认识更是决定引文分析能否作为学术评价工具的最终判断依据。目前学术界大部分科研人员并不重视参考文献的引用，仅仅将其作为形式化的学术参考，不愿在参考文献上多下功夫。由此，当下我国学术研究领域中的参考文献引用不规范、不合理问题层出不穷，越来越具有隐蔽性和欺骗性；形式也呈现出多样化趋势，如匿引、转引、过度引用、欺骗性引用等。①②③ 所以，保证参考文献著录的真实

---

① 孙峰，温茂森．科技论文参考文献的作用及引用中存在的问题[J]．燕山大学学报(哲学社会科学版)，2005(3)：92-94.
② 林涛．关于参考文献不当引用的表现及控制探析[J]．今传媒，2014，22(8)：131-132.
③ 刘素梅．科技期刊参考文献著录时常见问题的分析[J]．池州学院学报，2015，29(3)：116-118.

性、完整性和规范性是论文撰写与编校工作的重要任务，杜绝参考文献引用的不规范行为也是学术界迫切需要解决的一项重要难题。

早期，学者们针对参考文献引用相关问题已进行了深入的论证和研究，但这些研究大多是从编辑部角度，针对参考文献著录格式提出的分析与建议。①②③④⑤ 鲜有学者从主观动机角度出发，关注不合理引用对学术论文价值造成的不良影响及解决方案。因此，本节从科学共同体视角出发，结合不同利益相关者、不同科学参与主体，分别提出针对性的治理措施与规范建议，从道德与行业法规方面双向出击，促进多元主体参与学术生态系统建设，为后续科技政策体系的制定与完善提供重点方向和指导。

6.3.1 科学参与主体分析

一方面，相比于学术界存在的剽窃、抄袭等恶劣的学术不端行为，参考文献的不规范引用问题从表面上看并不会产生严重的风险；⑥ 另一方面，参考文献及其引用并未涉及到学术研究的正文内容，科学界还没有广泛认识到转引、匿引等不规范引用行为的重要程度及危害性，从而导致这类不规范行为屡禁不止。⑦ 科学、合理

① 许花桃. 科技论文参考文献引用不当及文中标注不规范的问题分析 [J]. 编辑学报, 2011, 23(4)：318-320.

② 赵越, 屈卫群, 周杭, 陈鹏. 中文文献文中引用规范的探讨[J]. 新世纪图书馆, 2015(7)：34-37, 50.

③ 侯集体, 刘艳莉. APA 格式参考文献著录不规范问题分析——以 CSSCI 心理学期刊为例[J]. 中国科技期刊研究, 2019, 30(4)：364-368.

④ 姜生有. 科技论文参考文献著录的若干问题[J]. 闽南师范大学学报（自然科学版）, 2019, 32(3)：96-101.

⑤ 贾书利. 参考文献在学术论文中的应用与规范[J]. 黑龙江社会科学, 2009(2)：185-187.

⑥ 赵秋民. 科技期刊参考文献著录错误分析及防范对策[J]. 编辑之友, 2009(6)：47-49.

⑦ 张洋, 郭伟. 参考文献著录不规范现象分析及其解决方法[J]. 江汉大学学报（自然科学版）, 2013, 41(4)：150-152.

的参考文献引用不仅关乎着作者的知识产权意识、法制法规意识以及行为道德规范，还与期刊、期刊编辑者、审稿专家的选稿标准，作者单位及相关学术部门的政策制度等密切相关。

在科学研究过程中，学术论文的撰写与发表是科研工作者的主要任务，由最开始的研究问题入手、检索相关资料并进行引用和论证、得出研究结论，到投稿、审稿、录稿，再到论文正式出版、产生学术影响力，其中往往需要耗费相当长的时间，同时也涉及学术共同体中多方的劳动和参与。图 6-7 显示了一篇科学论文撰写—审稿—正式出版—作者考核评优过程中涉及的科学参与主体。

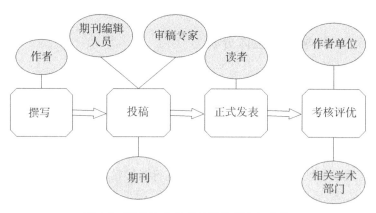

图 6-7 科学论文发表过程及其参与主体

就撰写论文的作者而言，一旦在引用参考文献的过程中出现不合理、不规范的行为，可能会直接引发一系列的学术伦理规范问题，直接影响作者的研究成果和学术生涯。部分学者在刚刚进入学术专业领域时，并未在论文撰写中养成科学、合理、规范的文献引用习惯和意识；① 还有部分学者错误地认为引用参考文献的数量越

---

① 周红云. 科技论文来稿中参考文献著录格式存在的问题及解决方案 [J]. 云南大学学报(自然科学版)，2011，33(S2)：63-64，67.

多越好,① 过多、过滥地引用参考文献,从而冲淡论文的主要研究内容与核心观点,严重影响论文的整体逻辑性和创新性;更有甚者,过于求成心切,故意掩盖所引用的不合规文献,以此来掩饰自身的剽窃、违规学术行为。②③ 所以,一旦在学术论文出版和发表期间出现问题,论文作者将是承担参考文献引用不规范的责任主体,其他参与主体更多的是发挥监督、激励作用。

如何引导作者从主观上规范引用行为、引文动机,是解决科学论文引用不当问题的关键所在。首先,期刊编辑部及编辑人员是科学论文完成到发表过程中第一个且最重要的"把关人",期刊及编辑人员有一定的责任和义务规范、管理学术界存在的一些不真实、不规范引用行为,以彰显学术期刊的权威性、严肃性、严谨性。但是,由于当下许多期刊的学术制度及规范并未健全和完善,期刊编辑没有树立规范、科学的学术引用与规范意识,④⑤ 不具备参考文献规范的审查能力。即便发现论文作者采用不规范、不科学的方式进行文献引用,也仅仅是给予改正意见,并未处以强制手段,从而导致学术期刊的参考文献差错率大幅度上升,严重阻碍知识传播与科学体系的长远、健康发展。

审稿专家是科学论文在正式出版前相对较专业权威的"把关人"。其核心工作是审查论文研究内容及结果是否存在问题。然而,许多审稿人往往忽视了对参考文献这一部分的编辑和审查,未考虑参考文献引用是否科学、合理及其内容之间的关联性,而是仅

① 贾贤 . 正确对待科技论文中参考文献的数量及权威性[J]. 科技与出版,2005(3):61.

② 郭玲,陈燕 . 参考文献著录中的学术道德缺失现象及其防范[J]. 编辑学报,2007(1):8-10.

③ 邓履翔,王维朗,陈灿华 . 欺诈引用——一种新的不当引用行为[J]. 中国科技期刊研究,2018,29(3):237-241.

④ 黄政,郝希春,汪峰 . 编辑应重视对科技论文参考文献的审核[J]. 编辑学报,2009,21(4):310-311.

⑤ 张惠 . 论学术期刊编辑对稿件质量的把关——以文献引用为视角[J]. 出版科学,2011,19(2):42-45.

仅对文献引用提出形式化的、笼统的补充建议。

在科学论文正式出版、发表后，便开始在相关学科领域发挥其学术影响力，供广泛的学者阅读、学习、借鉴。因此，对于论文中存在的不规范、不当引用问题，应由广大读者发现，并有义务反馈给编辑部或作者本人，这不仅能够体现学术共同体对科学严谨度的重视与尊重，还有利于延伸和传承学科知识与专业思想。即便我国已对学术规范行为创建相关的审查机制，然而由于读者举报的方式往往处于被动状态，① 无法对参考文献引用不规范、学术不端等行为提供有效的管控和监督。

任何一位学者都需要秉承科学、规范的引用观念和原则，在这方面的规范不应仅仅停留在学术伦理道德层面，还需不断强化参考文献不规范的引用的法律法规建设。在学术研究过程中，作者单位及相关管理部门需起到积极的宣传与教育作用，倡导作者在引用参考文献过程中，采用科学、规范、合理的方式。同时，在科学论文正式发表后，作者所属单位及相关学术管理部门应负责对作者引用不规范问题的及时监督与管理。但是，当下许多作者所在的管理部门在考核学术研究工作时，往往将论文发表数量作为科研考核的关键指标，②③ 使得一些学者为了获得优评和考核，盲目追求论文发表数量，一味地过度引用、抄袭甚至剽窃他人的学术研究成果。第二，一些学术研究部门在编辑和审查期间，过度重视论文内容抄袭度、研究创新度，④ 往往忽视论文中的过度引用、滥引、匿引、转

---

① 杨彧. 学术论文参考文献引用不当造成的后果及防范[J]. 新闻前哨，2019(1)：75-76.

② 初景利，张宏翔，王铮. 对科技期刊及其与学术评价关系的认知与建议——10所大学与科研机构科研人员访谈录[J]. 中国科技期刊研究，2015，26(8)：785-791.

③ 蔡连玉，张芸. 改革开放以来我国高校教师科研考核的制度变迁——基于历史制度主义分析框架[J]. 高校教育管理，2021，15(3)：114-124.

④ 马兰，赵新力，孙晓艳. 科技论文中参考文献的故意漏引现象探析[J]. 编辑学报，2005(3)：188-189.

引等不规范的引用现象。第三，在宣传教育工作中，当下许多管理部门并未起到实际的宣传教育作用，学术界的相关制度制定与实际的实施、落地严重不符。① 例如，一些高校针对参考文献引用建立了规范性的管理制度，然而这些制度却被束之高阁，不具备强制性，在执行过程中存在较多问题，缺乏落地实施的长效机制。② 最后，在法律法规制定方面，虽然我国针对学术不端行为建立了相关的法律法规制度，然而针对参考文献引用的规范细则并未明确提出，使得一些学术不端的作者依然有机可乘。③ 因此，加强参考文献引用规范化的法律法规建设迫在眉睫，以法律形式为学术研究提供最大限度的保障，是杜绝参考文献引用不当、引用不规范的根本性措施。

总而言之，针对科学论文发表过程中引用不规范问题的现状及种种问题，必须认清参考文献的本质意义并加以重视，才能维护科学引用的公正性、尊重科研工作的严肃性、维护知识产权的不可侵犯性。无论是撰写论文的科研工作者、审理论文的期刊编辑部，还是行业管理部门及社会各界，均需重视参考文献引用的真实性、规范性与科学性。

6.3.2 规范建议与治理措施

在当前我国科技、经济高质量发展的新时代，无论造成参考文献引用失范的原因是作者自身主观因素还是外部客观环境，都需要作者自身、期刊编辑、审稿专家、读者、作者单位及行业管理部门等多方科学参与主体的同心协力与共同抵制，从而改善、治理参考文献引用不当问题。

---

① 陈宇，李家红，莫雅贞．科技论文参考文献引用中存在的问题[J]．韶关学院学报，2013，34(10)：82-84.

② 马智峰．参考文献的引用及影响引用的因素分析[J]．编辑学报，2009，21(1)：23-25.

③ 许洁．当前高校学报参考文献引用存在的问题及对策研究[J]．乐山师范学院学报，2009，24(8)：100-102，116.

（1）作者

科学论文引用不规范问题的主体是作者，从作者自身做起、遵守学术道德与规范是解决引用不规范问题的根本。科研人员可以从自身的研究意识、引用习惯、引用原则、文献阅读、学习规范等五个方面构建个人引用规范体系，提升参考文献引用规范的自觉性、自省性、自足性。

①树立端正的学术研究意识。在科学研究与论文撰写时，作者要摒弃功利主义、浮躁和捷径的思维范式，扎实开展研究工作，在研究中广泛收集和阅读，做到引经据典、恰如其分；保持科学的研究态度，避免杜撰、抄袭、篡改、曲会，保证论文的科学性与创新性；坚持严谨的科研精神和独立思考的习惯，对来源文献中的任何方法、观点、数据、结论等抱有持疑、释疑，深度解读引用文献的内容和思想，采用规范、科学的方式进行合理引用，以免出现不必要的研究重复或引用不端。

②培养规范、科学的参考文献引用习惯。一些作者在撰写论文过程中，出于论据需要而直接引用前人的学术观点、客观事实或结论，但没有实时标注参考文献，从而在后续撰写中找不到这些引用内容的文献来源出处。因此，论文作者应做到即时引用，直接按照参考文献格式做好条目编辑；或在引用的同时先以脚注方式注明引用出处，最后再整理成参考文献。其次，以研究生群体为主要对象进行引用习惯、学术写作的严格培养。作为学术界的初入者，研究生群体良好引用习惯的养成有助于学术规范的全面、长久推广，并建立长期的、全覆盖的、高质量的培养体系和科研力量。

③秉承规范、科学的文献引用原则。就引用的全面性而言，作者应在平时养成广泛阅读文献的好习惯，通过图书、期刊、报纸、多媒体数据库等多渠道定期收集相关研究领域的国内外文献，合理筛选不同学科领域、不同期刊、不同载体、不同语言的相关文献和资料，体现其对所研究领域和背景知识的全面掌握，但要避免罗列学术价值不高或与论文内容不相关的文献。在引用时效性方面，作者应根据实际情况灵活考量，尽量引用一些本专业最新的相关文

献，来反映作者知识更新的速度和对本领域最新研究动态的掌握程度。① 例如，对于发展速度较快的新兴技术领域，需要引用一定数量的、近五年内的代表性前沿；而对于追溯历史观点的研究，则需要采用最原始的、最权威的文献，即使涉及的观点来源年限较久，也应当引用该文献，而不应受限于引用时效性原则。在引用权威性方面，作者应坚持实事求是的原则，无论参考文献是出自"名家之手"还是出自"无名小卒"，均应出于对前人研究成果的尊重而如实地在论文中予以标识，并在文后参考文献中著录。

④杜绝二次转引。在阅读参考文献期间，作者可深入追溯学术文献的创作背景及历史相关信息，若文献中对观点的表述还引用了其他相关文献，应继续顺藤摸瓜阅读引文的原文内容。在撰写论文期间，作者要尽可能选择首创文献进行参考、论证，所表述的论文观点也要引用参考文献中的原始信息和观点，最大限度确保对前人学术研究成果的认可与尊重。如果必须对文献进行转引，那么作者要深入解读原始的参考文献，并进行专业性的表述，避免出现断章取义的问题。若所引证的文献或观点有被加工过的痕迹，作者则要追溯原始文献，对其原意进行推敲与考察。

⑤掌握和遵循学术规范要求。期刊论文的规范引用通常包含内容、著录、标注等，了解并遵循这些规则和要求是学者进行学术研究、论文写作所必备的基本功。作者在论文写作过程中应严格遵守学术规范与学术道德要求；写作完成后，还应仔细核查参考文献的每一项信息，排查一些隐性错误，确保引用信息完整、准确。

（2）科技期刊与期刊编辑人员

作为科学论文筛选与加工的主要平台，学术期刊要根据论文审稿过程中的各个环节，来加强对引用不规范行为的治理。

①期刊编辑人员作为论文质量的把关人，其提出的评价和修改意见是提高引文质量、杜绝引用不规范现象的有效方法之一。在初

197

---

① 曾丽美. 图情类学术论文参考文献引用问题研究［J］. 图书馆学刊，2013，35（10）：11-13.

审时，编辑人员应对来稿的参考文献和引用情况进行认真、细致的审阅，将每条参考文献与原著进行严格核对。一旦发现问题，及时将意见反馈给作者，通知其及时补充或修改，以此保证每一条参考文献都是必要的、原创的且正式出版的，充分发挥著录参考文献的实用价值与作用。对存在严重虚假引用、错误引用或不规范引用的稿件严肃处理或不予录用。此外，期刊编辑人员还需要不断提升自身的专业技能素养，顺应时代发展趋势，适时更新迭代专业知识储备，时刻站在学科发展前沿；同时，借助互联网优势，不断提高审核编辑的敏锐度，及时获取和洞察一切隐匿性的文献引用不端行为，将不规范、不正当的引用现象拒之门外。

②期刊编辑人员还要充分发挥对作者的教育和宣传指导。例如，通过约稿通知、投稿须知、期刊主页等平台明确提出参考文献引用规范指南；在期刊投稿邮箱对投稿人设置自动回复，注明期刊的参考文献著录标准和要求；不定期在学术期刊上登出有关参考文献引用的标准及价值等相关内容；对于审稿通过、录用后的论文，在与作者后续的沟通中可以提醒作者关于参考文献部分的要求与规范；期刊编辑部可定期组织学术研讨会，宣传关于参考文献的著录规范、引用规范等问题。

③2005 年，国家发布《文后参考文献著录规则》（GB/T7714—2005），该标准是一项专门供著者和编辑编撰文后参考文献使用的国家标准，其在著录项目的设置、著录格式的确定、参考文献的著录以及参考文献表的组织等方面尽可能与国际标准保持一致，以达到共享文献信息资源的目的。期刊编辑者应将这些国家权威部门发布的期刊质量管理制度及规定严格落实到位，将这些规定贯穿日常编校实践中，以引导作者、约束作者、规范作者，推动引文质量与学术期刊规范化发展。

④在作者投稿并提交初稿时，期刊编辑者应要求作者提供引用原始参考文献的文档，特别是对于一些发刊量较少、国外引文、古籍引文的文献，要求论文作者提交原始引用文件已成为防止学术不端和抄袭行为的国际通用惯例，以此来规避作者在撰写期刊论文过程中，因二次转引导致无法溯及原始文献的问题，同时督促作者规

范参考文献的引用、减少不规范引用现象。除此之外，在作者提交初稿时，期刊编辑者可明确要求作者签署期刊论文规范行为承诺书，以此来震慑学术不端、学术不规范的作者，从而对参考文献引用起到科学、规范的管理作用。

⑤完善期刊论文引用不规范的内部管理制度。期刊出版部门可对引用参考文献的规范性进行不定期的审核和抽检，不但需要审核初稿论文，还需要对过稿论文进行规范性的抽检，同时，还需加强期刊出版及各个学术界引用文献不规范的关注度，加强自查与自省，从而规范、科学地引用参考文献。对于轻微引用失范者，可给予其再次发表的机会，但要进行必要的提醒和警告；对于多次出现严重引用失范乃至学术不端者，学术期刊可将其纳入黑名单，并通告作者所在单位。

(3)审稿专家

学术期刊的论文审稿者一般是相关学科领域的专家，具有深厚的知识储备与学术造诣，掌握的相关文献信息量比较大。因此，要充分发挥审稿专家的优势，在论文审稿过程中将参考文献引用是否规范、合理纳入稿件评审内容之一。期刊编辑部应明确地在审稿单上列出：要求审稿专家就参考文献的真实性、合理性、正确性、充分性等方面进行审核，判断稿件中是否存在杜撰参考文献、匿引以及无效引用等不良引用现象，实事求是地提出审查意见。并将此作为期刊论文引用规范审查的流程标准。

(4)读者

建立论文读者对不合理、不规范引用问题的举报、监督、奖励机制。一方面，期刊编辑部可以提供便捷、绿色的信息反馈渠道，来鼓励、引导论文读者对发现的不合理引用问题进行监督和举报；对于有效举报者，可适当提供一定的举报奖励。另一方面，科学引用不规范现象是一项长期的、隐蔽性的问题，参考文献原著作者在这一问题中是最具有发言权和专业洞察力的角色，因此，要鼓励论文原著者积极参与科学引用规范化问题的建设，树立知识维权和法治保护意识，强化互相监督意识，鼓励学者们及时发现自己已发表的论文被抄袭、被匿名引用、被转引等不合理现象，并进行举报监督，为学术论文监督与惩戒工作提供强有力的支撑。

（5）相关管理部门

①国家出版行政部门应加强科技期刊参考文献引用规范化的管理、监督工作。在对学术期刊的检查审阅中，把出版物引文规范化水平作为衡量刊物质量的重要标准，建立奖惩制度和长效激励机制。例如，给予执行力较强的期刊相应的政策扶持，而对于执行力不强的期刊部门可要求其进行整顿和调整，并提供相应的专业人员和专业技术支持。

②学术行业管理部门应加强对引用不规范学者的监督和教育。对于非主观恶意的引用失范者，可不对其惩罚，而是加强对其后续行为的监督；对于已发生不规范引用行为但未造成不良影响的学者，可以通过学术委员会、行政管理部门等进行批评教育，达到"以史为鉴、避免后患、治病救人"的目的；对于那些严重引用失范、导致严重影响的学者，可以实行严格的职业准入制度作为警告。①

（6）作者单位

作者所属科研工作单位作为学者直属的管理部门，应帮助其在科研工作的各个环节中及时规避不规范、不正当引用行为。

在宣传、培训方面，作者单位应定期展开针对引用规范问题的集中宣传和培训。通过学术规范培训，使科研人员确立科研底线、"红线"和"高压线"；通过定期学习、系统学习，逐步掌握国家学术标准，使之在科研工作中内化于心，在单位内部形成良好的学术

200

---

① 王志标. 学术期刊论文引用失范表现、原因及治理[J]. 中国出版，2020(21)：46-50.

风气。①

在信息素养方面，作者单位应完善科技文献数据库，加强信息化建设，为学者提供方便、丰富、系统的文献检索与资料获取途径。信息检索是作者获取参考文献最直接、最主要的手段和渠道，因此，相关部门需不断提升科研工作者的信息技能素养，加大对科研人员的信息技术培训，以便能够更加高效地获取海量的、全面的、高质量的参考文献，并进行规范化地学术引用；同时借助互联网优势，及时捕获当下学术研究领域的发展前沿和动态趋势。

在评优考核环节，作者单位应制定科学、合理的工作考核评估标准和制度，根据不同专业、不同研究领域的特点制定柔性的、灵活的学术评价体制，在评估过程中重视论文质量，综合考量论文被引用情况、期刊质量，严格把关参考文献的引用规范等，来评价作者的学术水平和影响力，避免因盲目追求论文发表数量而造成的匿引、转引、过度引用、为引用而引用等不当学术行为。

6.4 本章小结

科学文献是学者展现科研成果的重要载体，同时也是衡量学者、科研机构、学术期刊等科研主体学术水平和科研能力的重要标志。近年来，随着科学技术快速发展，科学论文的数量持续、爆发式增加，随之而来的引用不当、引用不规范问题广泛出现。如何客观、合理地评价文献的学术影响力，并有效防范引用不规范问题，是一项值得深入研究的课题。

首先，本章基于三角引用结构中存在的间接引用机制——文献C基于中间文献B的影响力，对文献A施加间接引用行为，引入传播学领域的两级传播模型，将科学文献的引用频次划分为直接引用频次与间接引用频次，并降低间接引用关系的计数权重，构建在

201

---

① 时艳钗，吴江洪．学术论文参考文献著录失范问题探析——基于编辑控制的视角[J]．丽水学院学报，2013，35(4)：55-59.

复杂引文网络中具有普适性的引用泡沫过滤模型。选择 Web of Science 数据库中多种学科、多种文献类型的 40 篇科学文献作为实证研究的样本集合，数据计算与分析结果显示：经过引用过滤模型计算的被引频次计数结果与使用量指标 Usage 的相关系数显著提高，过滤引用泡沫后的被引计数能够较客观地反映科学文献的真实被引与真实影响力。其次，高被引论文中存在的被引用泡沫较少，其中大部分引用频次来自施引文献真实的、直接的引用，因此，本章建立的引用过滤模型能够用于识别潜在的高质量、高被引论文。接着，发表时间越晚的文献，引用过滤比例越低；发表时间越久远的文献，引用过滤比例就越高。因此，科学文献引用过滤模型能够较大程度上过滤掉发表时间较早文献的引用泡沫，缓解学术影响力评价中的马太效应和时间累积性问题，对高质量的、年轻的科学论文具有较高的评价公平性、较好的筛选能力。最后，从科学共同体视角出发，解析科学论文从生产到出版发行过程中的不同科学参与主体，并分析各个角色在科学引用不规范问题中的动因。基于作者自身、期刊及编辑人员、审稿专家、读者群体、作者单位、相关管理部门六个角度，从道德与行业法规等方面提出针对不规范引用行为的治理措施与规范建议。

现阶段，对于规范参考文献引用，需要学术界、学术共同体长期的探索和研究，任务艰巨。不仅需要期刊编辑、审稿专家的合理支持，还需国家相关行政部门制定并完善规范的引用管理体系，严格审查与落实参考文献的引用规范，同时论文作者需秉承真实、科学、规范的引用原则，共同创建良性发展的学术研究环境。在外在环境和内在条件都良好的情况下，"树立意识"与"完善制度"共同推进，以便能够更加完善地解决学术研究中引用不规范问题，共同营造健康、规范的学术环境，推动我国学术期刊实现规范化、科学化发展。

7 总结与展望

7.1 研究总结

本书构建科学文献三角引用的概念模型，基于大规模的文献数据测度其覆盖范围、分析其文献特征。运用全文本引文内容分析法，探索三角引用结构内的三方文献功能与三方引用关系规律，总结其中的引用机制。探索间接三角引用机制作用下的不规范引用行为，结合引用内容文本挖掘技术建立识别手段、分析其影响因素、揭示其危害性。应用三角引用结构中间接影响力的传播机制，构建科学文献影响力评价模型，并从政策治理视角，基于不规范引用行为提出治理措施与规范建议。

总结全文，主要得到以下几点结论：

①本书提出了一种融合文献直接引用、共被引与耦合的引用关系——科学文献三角引用结构，指出其理论价值与应用价值所在，并定义三角引用中的三种文献——原始文献 A、中间文献 B 与追随文献 C。以 100 篇高被引期刊论文、高被引学位论文为原始文献入手，共获得 18817 条三角引用数据，证明了三角引用关系广泛存在于文献引文网络中，覆盖率超过了 1/2。因此，科学文献三角引用为科学计量学提供了一个特殊的研究视角，其中蕴含着重要的引用—被引用内涵与机理。

　　为了挖掘科学文献三角引用结构的文献特征，从文献题录信息的五个不同角度对三角引用数据样本进行分析。在引用时间上，大部分文献 A 与文献 B、文献 B 与文献 C 的引用时间反应较快，而文献 A 与文献 C 具有较长的引用时滞；对于文献类型特征，A、B、C 三种文献主要以期刊论文、学位论文、会议论文为主，且同一结构内的 A-B-C 组合更倾向于同种文献类型；在期刊影响因子变化中，大部分文献 A→文献 B→文献 C 呈现出递减规律，且 A 与 C 之间的差异相对更明显；对于大部分期刊原始文献的三角引用关系，跨学科引用倾向于发生在文献 A 与 C 之间，而学位原始文献的三角引用关系中跨学科引用数量普遍较低；在作者自引特征上，更倾向于发生在文献 A 与 B 或文献 B 与 C 中，而在文献 A 与 C 之间难以产生作者自引。综上结果，从引用时滞、影响因子之差、跨学科引用与作者自引等多个角度，大部分 C→A 的引用关系与文献特征不同于另外两种直接引用关系(B→A、C→B)，在原始文献 A 与追随文献 C 之间存在一定范围的"间接三角引用机制"，即文献 C 通过中间文献 B，对文献 A 施加间接引用，这种间接引用机制促使了三角引用关系的产生。

　　②科学文献三角引用结构中的三种引用关系并不能被简单等同于一般的直接引用关系，其中的引用机制与引用情境比较复杂，仅通过文献题录信息和外部特征分析，只能初步推断"间接引用机制"存在的可能性，容易忽略施引文献与被引文献在研究内容上的关联性。因此，在第四章中使用了引文内容分析理论、情感分类技术、引用动机编码与标注等方法，计算并统计三角引用结构内三方引用关系的引用强度、引用位置、引用顺序、引用情感、引用动机，分析三方文献的角色功能、三方引用关系的结构特征，从深层次发现三角引用现象的生成机制。

　　通过深层次的全文本引文内容挖掘，本书得到以下三角引用机制：从引用强度角度看，三角引用结构内的多引现象比较普遍，且大部分原始文献 A 在三角引用结构里的被引强度和影响力最大。从引用位置角度看，在同一个三角引用结构中，三种引用关系发生的引用位置具有较高的一致性，特别是 C→A 与 C→B 之间；且大部分原始文献 A 在三角引用结构里的被引用顺序最靠前。从引用情感角度，B→A 与 C→A 的引用语境和引用情感具有较高的相似性，且大部分原始文献 A 的正向被引用情感数量最多。从引用动机视角，通过整理已有引用动机的相关文献，总结了一套包含功能性引用动机和情感性引用动机的动机编码框架，并根据具体的引用文本内容信息和动机分类框架，为每条三角引用数据中的三种引用关系标注引用动机。实验结果发现：三角引用结构中的施引行为倾向于包含多个功能性引用动机，而情感性引用动机则大多具有唯一性。另外，B→A 与 C→A 两种引用关系的引用动机分布具有较高的一致性，但与 C→B 存在显著差异。

引用强度、引用位置、引用情感、引用动机这四个视角既是独立的，也可以作为一个整体，用于更深入地理解和认识三角引用机制。综合以上四个视角整体来看，A、B、C 三种文献在三角引用结构中各有不同的角色、影响力和价值，B→A、C→A、C→B 三种引用关系也各有不同的引用机制与动机。原始文献 A 作为发表时间最早、被引数量最多、被引用强度最大、被引用位置最靠前、被积极引用数量最多的文献，在三角引用结构中一般是相关研究主题、领域或学科比较重要的、高影响力的文献，倾向于提供一些新颖的、开创性的概念、观点或方法。中间文献 B 是三角引用机制中关键的一环，大多用于文献综述、知识概括等，起到联通作用。追随文献 C 则是三角引用结构中最活跃的施引角色，促使了三角引用关系的产生。此外，由于文献 A 与文献 B 在同一篇文献 C 中共被引的联系，C→A 与 C→B 在引用位置上具有较高的一致性；由于文献 B 与文献 C 耦合的联系，B→A 与 C→A 在引用情感、引用功能上具有较高的一致性。

205

因此，在原始文献 A 与追随文献 C 之间存在一种"间接三角引用机制"，文献 C 在 C→A 的转引行为中，参考了 B→A 的引文内容信息，从而在引用情感、引用功能上与其表现出高度一致；同时，大量追随文献 C 的间接引用容易导致原始文献 A 的被引频次虚高，从而产生马太效应问题。

③基于"间接三角引用机制"的发现，第五章对这一间接三角

引用机制导致的引用行为进行深入探究。通过大规模的文献数据对间接三角引用行为和隐形三角引用行为进行有效识别，并尝试结合相关文献特征，挖掘这两种不规范引用行为的影响因素与引用情境。

在间接三角引用行为的识别中，以 140 篇原始文献 A 获取了 27003 条三角引用关系，通过文本相似度算法计算每条三角引用中 B→A 与 C→A 引文内容的相似度，并设定阈值来识别引文内容相似度较高的追随文献 C，实验发现间接三角引用行为在三角引用关系中的存在比例高达 41.3%。同时，结合三角引用结构内部文献特征与间接三角引用行为识别结果，从语言、文献类型、跨学科引用、作者自引四个角度，分析文献 C 施加间接引用行为的影响因素。在三角引用结构中，语言差异、文献类型差异、学科差异与作者自引均是追随文献 C 施加间接引用的影响因素。

在隐形三角引用行为识别中，虽然文献 B 与文献 C 之间未有直接的引用关系，但结合使用-引用转化率、耦合强度、引文内容相似度等多维度判定指标，从近 300 万组文献耦合数据中发现了 39276 条隐形三角引用数据。基于大规模数据表现出的特征规律、以及多个判定指标综合的识别结果，表征了隐形三角引用行为在科学界的客观、且普遍存在。在隐形三角引用行为的影响因素分析中，文献 A、B、C 在语言、文献类型、所属学科方面的差异是导致追随文献 C 间接引用文献 A 的影响因素，文献 A、文献 B 所在期刊影响力、自身被引影响力、发表时间差异是导致追随文献 C 刻意不引文献 B 的影响因素。

其中，间接三角引用行为是一种危害较大的不当引用行为。一方面，可能因生搬硬套、记流水账而降低论著的可读性、科学性与严谨性；另一方面，还可能因中间文献的印刷错误导致原意失真或二次引用错误等。同时，隐形三角引用中刻意不引文献 B 的行为也违背了科学的普遍主义，对科学工作产生了一定范围的负面影响。一方面，掩盖了文献的真实价值，导致文献 A 的被引泡沫，同时埋没文献 B 的学术价值，造成引文分析的开展建立在虚假的数据资料基础之上，从而降低期刊评价、论文影响力评价、人才评估等文献情报工作的权威性、真实度与科学性。另一方面，这一动机又使权威文献、权威出版物更容易成为高被引对象，而中间文献 B 的知识交流与传递受到抑制。

④三角引用结构中的间接引用机制与引用行为违背了引文分析、引文评价的本质和意义，影响了学术影响力评价工作的科学性。因此，在第六章中，基于量化模型和政策治理方法，对三角引用中的不合理引用机制、不规范引用行为提供解决方案。

本书从量化角度研究了如何客观、合理地评价单篇文献学术影响力这一问题。基于三角引用结构中存在的间接引用机制——文献 C 基于中间文献 B 的影响力，对文献 A 施加间接引用行为，引入传播学领域的两级传播模型，将科学文献的引用频次划分为直接引用频次与间接引用频次，并降低间接引用关系的计数权重，构建在复杂引文网络中具有普适性的引用泡沫过滤模型。选择 Web of Science 数据库中多种学科、多种文献类型的 40 篇科学文献作为实证研究的样本集合，数据计算与分析结果显示：经过引用过滤模型计算的被引频次计数结果与使用量 Usage 指标的相关系数较先前结果显著提高，过滤引用泡沫后的被引结果能够较客观地反映单篇科学文献的真实被引与真实影响力。高被引论文中存在的被引用泡沫较少，其中大部分引用频次来自施引文献真实的、直接的引用，因此，本书建立的引用过滤模型能够用于识别潜在的高质量、高被引论文。发表时间越晚的文献，引用过滤比例越低；发表时间越久远的文献，引用过滤比例就越高。科学文献引用过滤模型能够较大程度上过滤掉发表时间较久远文献的引用泡沫，缓解学术影响力评价中被引的时间累计性和马太效应问题，对高质量的、年轻的科学论文具有较高的评价公平性、较好的筛选能力。本章还从科学共同体视角出发，结合不同利益相关者，解析科学论文从生产到出版发行过程中的不同科学参与主体，并分析各个角色在科学引用不规范问题中的动因。基于作者自身、期刊及编辑人员、审稿专家、读者群体、作者单位、相关管理部门六个角度，提出针对不规范引用行为的治理措施与规范建议，促进多元科研主体参与学术生态系统建设。

207

7.2　研究局限与展望

本书的研究过程还存在以下不足，在未来研究工作中将进一步完善。

①数据样本的局限性。在第三章的引用特征分析中，未考虑到语言因素对三角引用关系内文献特征的影响。由于在数据获取中界定原始文献 A 为中文文献，因此获取的三角引用数据中仅有极少数的英文期刊论文或英文会议论文，无法对三角引用的语言特征与规律进行挖掘。原始文献 A 的数据选择了"图书情报与数字图书馆"领域的高被引论文，作为一项探索性的研究，第三章的结论是基于 LIS 领域高被引论文的一般性规律，并非一定适应于其他学科或非高被引论文，若要验证结论是否同样适用于其他数据样本，还应进一步基于多学科样本数据进行实证研究和深入分析。

②引用泡沫过滤模型的局限性。在三角引用结构中，文献 C 除了会通过中间文献 B 引用文献 A 之外，还会在对文献 A、文献 B 之间存在引用关系这一事实不知情，文献 C 是基于文献的主题相关性、知识启迪而同时对文献 A、文献 B 进行引用。那么，这种情况下文献 C 引用文献 A 仍会被认定为间接引用行为，其被引权重也会被降低。因此，在未来工作中，需要将本书的引用泡沫过滤模型进一步精细化，对间接引用行为与不知情引用行为的权重分配加以区分。其次，对于单篇科学文献的评价工作，还需要深入论文具体的内容结构，进行语义挖掘，发掘论文的潜在价值，进一步解决引文分析的局限性。

③学科差异对比的局限性。不同学科背景下的科研人员，其研究范式、引用行为可能存在着差异，尤其在人文社科领域与自然科学领域。本书为保证数据的全面性、研究结论的普适性，在第5—6章中选择了八种学科的文献数据进行实证研究，但未就不同学科的差异进行对比研究。在未来工作中，可以对不同领域或不同学科科研人员的引用行为、引用动机、引用习惯进行对比研究。

④基于文献数据的引用行为研究局限性。学者在科研活动中的引用情境、态度、动机具有高度复杂性，无论是本书的文献外部特征分析、引文内容挖掘，还是基于文本相似度等算法的引用动机判断，都是建立在研究者的主观推断之上，极有可能与作者写作时的真实引用动机、引用行为规律存在出入。因此，有必要通过对研究人员进行问卷调查或访谈，从作者自身获得相对客观的经验感知数据。在未来工作中，对具有一定发文量的学者进行半结构化访谈和问卷调查，探究三角引用中"间接引用行为"与"潜在引用行为"的发生概率、动机、影响因素等，以促进三角引用关系良性发展，为引文分析、引文评价工作提供客观、真实的参考价值。

⑤在未来工作中，将科学文献三角引用结构应用在主题推荐与引文推荐领域。基于科学文献三角引用所表现出的文献相似性特征、文献角色多元化特征等，进行文献的主题聚类；此外，根据主题聚类方法及三角引用结构内部相似文献、互补文献、中间人文献角色特征，构建引文推荐模型，以更好地发挥三角引用概念与结构的学术价值与应用价值。

参 考 文 献

一、中文参考文献

[1]布鲁诺·拉图尔，史蒂夫·伍尔加. 实验室生活：科学事实的建构过程[M]. 刁小英，张伯霖，译. 北京：东方出版社，2004.

[2]布鲁诺·拉图尔. 科学在行动：怎样在社会中跟随科学家和工程师[M]. 刘文旋，郑开，译. 北京：东方出版社，2005.

[3]蔡连玉，张芸. 改革开放以来我国高校教师科研考核的制度变迁——基于历史制度主义分析框架[J]. 高校教育管理，2021，15（3）：114-124.

[4]蔡智澄，何立民. 相关性分析原理在图书情报分析中的应用[J]. 现代情报，2006（5）：151-152.

[5]曾丽美. 图情类学术论文参考文献引用问题研究[J]. 图书馆学刊，2013，35（10）：11-13.

[6]曾强，俞立平. 科技评价指标权重分类及对评价的影响研究[J]. 现代情报，2021，41（6）：139-148.

[7]陈浩元. 科技书刊标准化18讲[M]. 北京：北京师范大学出版社，2000.

[8]陈林华. 间接引用参考文献的危害性[J]. 苏州丝绸工学院学报，1998（4）：119-120，123.

[9]陈晓丽. 引文类型比较分析[J]. 图书与情报，1998（4）：3-5.

[10]陈颖芳，马晓雷．基于引用内容与功能分析的科学知识发展演进规律研究[J]．情报杂志，2020，39(3)：71-80．

[11]陈宇，李家红，莫雅贞．科技论文参考文献引用中存在的问题[J]．韶关学院学报，2013，34(10)：82-84．

[12]初景利，张宏翔，王铮．对科技期刊及其与学术评价关系的认知与建议——10所大学与科研机构科研人员访谈录[J]．中国科技期刊研究，2015，26(8)：785-791．

[13]邓履翔，王维朗，陈灿华．欺诈引用——一种新的不当引用行为[J]．中国科技期刊研究，2018，29(3)：237-241．

[14]丁文姚，李健，韩毅．我国图书情报领域期刊论文的科学数据引用特征研究[J]．图书情报工作，2019，63(22)：118-128．

[15]丁玉洁．社会学理性选择理论述评[J]．辽宁行政学院学报，2006(12)：93-94．

[16]段庆锋，潘小换．文献相似性对科学引用偏好的影响实证研究[J]．图书情报工作，2018，62(4)：97-106．

[17]段鑫龙．Web of Science-5.19更新介绍[EB/OL]．[2022-01-10]．http：//v.qq.com/x/page/n0168 gbqol0.html? ptag = biog_sciencenet_cn．

[18]方秀菊．对参考文献作用及规范化著录的探讨[J]．浙江科技学院学报，2003(4)：250-254．

[19]冯志刚，李长玲，刘小慧，等．基于引用与被引用文献信息的图书情报学跨学科性分析[J]．情报科学，2018，36(3)：105-111．

[20]付国乐，张志强．中国科技期刊国际化发展"一体三维"评价体系构建[J]．中国科技期刊研究，2021，32(2)：180-188．

[21]付中静．WoS数据库收录论文文献级别用量指标与被引频次的相关性[J]．中国科技期刊研究，2017，28(1)：68-73．

[22]高瑾．数字人文学科结构研究的回顾与探索[J]．图书馆论坛，2017，37(1)：1-9．

[23]高楠，傅俊英，赵蕴华．基于两种相似度矩阵的专利引文耦

合方法识别研究前沿——以脑机接口为例[J]．现代图书情报技术，2016(3)：33-40.

[24]葛菲，谭宗颖．基于文献计量学的科学结构及其演化的研究方法述评[J]．情报杂志，2012，31(12)：34-39，50.

[25]耿骞，景然，靳健，罗清扬．学术论文引用预测及影响因素分析[J]．图书情报工作，2018，62(14)：29-40.

[26]耿树青，杨建林．基于引用情感的论文学术影响力评价方法研究[J]．情报理论与实践，2018，41(12)：93-98.

[27]耿树青．期刊论文引用内容的情感分析研究[D]．南京：南京大学，2020.

[28]龚凯乐，谢娟，成颖，等．期刊论文引文国际化研究——以图书情报与档案管理学科为例[J]．情报学报，2018，37(2)：151-160.

[29]关鹏，王曰芬，傅柱．不同语料下基于LDA主题模型的科学文献主题抽取效果分析[J]．图书情报工作，2016，60(2)：112-121.

[30]郭红梅，沈哲思，曾建勋．基于文献引证及其内容相似度的主题混合聚类方法研究[J]．情报理论与实践，2020，43(9)：165-170.

[31]郭玲，陈燕．参考文献著录中的学术道德缺失现象及其防范[J]．编辑学报，2007(1)：8-10.

[32]郭庆琳，李艳梅，唐琦．基于VSM的文本相似度计算的研究[J]．计算机应用研究，2008(11)：3256-3258.

[33]国家新闻出版署．国家新闻出版署关于印发《报纸期刊质量管理规定》的通知[EB/OL]．[2022-01-10]．https：//www.nppa.gov.cn/nppa/contents/279/74416.shtml.

[34]韩青，周晓英．基于文献共被引特征的文献相似度计算优化研究[J]．情报学报，2018，37(9)：905-911.

[35]韩毅，夏慧．时间因素视角下科研人员评价的Pt指数研究[J]．中国图书馆学报，2015(6)：73-85.

[36]侯集体，刘艳莉．APA格式参考文献著录不规范问题分

析——以 CSSCI 心理学期刊为例[J]. 中国科技期刊研究，2019，30(4)：364-368.

[37]侯佳伟，黄四林，刘宸. 学术论文的"马太效应"——基于 2009 年度 CSSCI 人口学期刊的分析[J]. 人口与发展，2011，17(5)：96-100.

[38]胡一尘. 基于 Web of Science 大规模文献数据的高引论文的影响因素研究[D]. 西南大学，2020.

[39]胡泽文，任萍，崔静静. 图书情报与档案管理期刊论文首次响应时间的影响因素研究[J]. 情报杂志，2022，41(4)：202-207.

[40]胡志刚，陈超美，刘则渊，等. 从基于引文到基于引用——一种统计引文总被引次数的新方法[J]. 图书情报工作，2013，57(21)：5-10.

[41]胡志刚. 全文引文分析方法与应用[M]. 北京：科学出版社，2017.

[42]胡志刚. 全文引文分析方法与应用[D]. 大连：大连理工大学，2014.

[43]黄晓斌，吴高. 学科领域研究前沿探测方法研究述评[J]. 情报学报，2019，38(8)：872-880.

[44]黄政，郝希春，汪峰. 编辑应重视对科技论文参考文献的审核[J]. 编辑学报，2009，21(4)：310-311.

[45]贾书利. 参考文献在学术论文中的应用与规范[J]. 黑龙江社会科学，2009(2)：185-187.

[46]贾贤. 正确对待科技论文中参考文献的数量及权威性[J]. 科技与出版，2005(3)：61.

[47]姜生有. 科技论文参考文献著录的若干问题[J]. 闽南师范大学学报(自然科学版)，2019，32(3)：96-101.

[48]金铁成. 从著作权法的角度审视学术期刊中的文献转引现象[J]. 科技与出版，2006(4)：65-66.

[49]赖方中. 引文动机分析[J]. 四川警察学院学报，2009，21(6)：115-119.

[50]李贺，杜杏叶．基于知识元的学术论文内容创新性智能化评价研究[J]．图书情报工作，2020，64(1)：93-104．

[51]李江．"跨学科性"的概念框架与测度[J]．图书情报知识，2014(3)：87-93．

[52]李力，刘德洪，张灿影．基于知识流动理论的科技论文学术影响力评价研究[J]．情报科学，2016，34(7)：113-119．

[53]李樵．外部引用视角下的中国图书情报学知识影响力研究[J]．中国图书馆学报，2019，45(6)：65-83．

[54]李婷婷，李秀霞．基于引文内容的信息学期刊互引分析[J]．情报杂志，2016，35(2)：110-115．

[55]李长玲，刘运梅，刘小慧．基于影响因子的p指数改进与性能探讨[J]．情报科学，2018，36(9)：57-61，88．

[56]李铮，邓三鸿，孔嘉，张艺炜．学者学术影响力识别研究——基于引文全数据的视角[J]．图书情报工作，2020，64(12)：87-94．

[57]李卓，赵梦圆，柳嘉昊，等．基于引文内容的图书被引动机研究[J]．图书与情报，2019(3)：96-104．

[58]梁玉丹，王小寅，罗海丽，等．CiteSpace应用对Web of Science近5年针灸相关文献的计量学及可视化分析[J]．中华中医药杂志，2017，32(5)：2163-2168．

[59]廖君华，刘自强，白如江，等．基于引文内容分析的引用情感识别研究[J]．图书情报工作，2018，62(15)：112-121．

[60]廖中新．期刊影响因子的马太效应解析[J]．出版广角，2017(17)：24-27．

[61]林涛．关于参考文献不当引用的表现及控制探析[J]．今传媒，2014，22(8)：131-132．

[62]刘波，徐学文．可视化分类方法对比研究[J]．情报杂志，2008(2)：28-30．

[63]刘启元，叶鹰．文献题录信息挖掘技术方法及其软件SATI的实现——以中外图书情报学为例[J]．信息资源管理学报，2012，2(1)：50-58．

[64]刘茜，王健，王剑，等．引文位置时序变化研究及其认知解释[J]．情报杂志，2013，32(5)：166-169，184．

[65]刘强．传播学受众理论论略[J]．西北师大学报(社会科学版)，1997(6)：97-101．

[66]刘青，张海波．引用行为初探[J]．情报杂志，1999(3)：64-66．

[67]刘盛博，丁堃，唐德龙．引用内容分析的理论与方法[J]．情报理论与实践，2015，38(10)：27-32．

[68]刘盛博，丁堃，张春博．基于引用内容性质的引文评价研究[J]．情报理论与实践，2015，38(3)：77-81．

[69]刘盛博，丁堃，张春博．引文分析的新阶段：从引文著录分析到引用内容分析[J]．图书情报知识，2015(3)：25-34．

[70]刘盛博．科学论文的引用内容分析及其应用[D]．大连：大连理工大学，2014．

[71]刘素梅．科技期刊参考文献著录时常见问题的分析[J]．池州学院学报，2015，29(3)：116-118．

[72]刘小慧，李长玲，崔斌，等．基于闭合式非相关知识发现的潜在跨学科合作研究主题识别——以情报学与计算机科学为例[J]．情报理论与实践，2017，40(9)：71-76．

[73]刘雪立，刘国伟，王小华．科技期刊中参照引文的危害及其对策[J]．中国科技期刊研究，1995，6(2)：57-58．

[74]刘宇，李武．引文评价合法性研究——基于引文功能和引用动机研究的综合考察[J]．南京大学学报(哲学·人文科学·社会科学版)，2013，50(6)：137-148，157．

[75]刘宇，张永娟，齐林峰，回胜男．知识启迪与权威尊崇：基于重复发表的引文动机研究[J]．图书馆论坛，2018，38(4)：49-57．

[76]刘运梅，李长玲，冯志刚，等．改进的 p 指数测度单篇论文学术质量的探讨[J]．图书情报工作，2017，61(21)：106-113．

[77]楼慧心．马太效应与大科技研究[J]．自然辩证法研究，2003

（7）：69-72.

[78]卢超，章成志，王玉琢，等．语义特征分析的深化——学术文献的全文计量分析研究综述[J]．中国图书馆学报，2021，47（2）：110-131.

[79]卢文辉，李战．零被引与高被引图书馆学硕士学位论文引文特征的比较分析[J]．图书馆杂志，2020，39（1）：76-84，38.

[80]陆伟，孟睿，刘兴帮．面向引用关系的引文内容标注框架研究[J]．中国图书馆学报，2014，40（6）：93-104.

[81]逯万辉，谭宗颖．基于深度学习的期刊分群与科学知识结构测度方法研究[J]．情报学报，2020，39（1）：38-46.

[82]罗杰斯 E M．创新的扩散[M]．北京：电子工业出版社，2016.

[83]马凤，武夷山．关于论文引用动机的问卷调查研究——以中国期刊研究界和情报学界为例[J]．情报杂志，2009，28（6）：9-14，8.

[84]马兰，赵新力，孙晓艳．科技论文中参考文献的故意漏引现象探析[J]．编辑学报，2005（3）：188-189.

[85]马楠，官建成．利用引文分析方法识别研究前沿的进展与展望[J]．中国科技论坛，2006（4）：110-113，128.

[86]马智峰．参考文献的引用及影响引用的因素分析[J]．编辑学报，2009，21（1）：23-25.

[87]默顿．科学社会学：理论与经验研究[M]．鲁旭东，林聚任，译．北京：商务印书馆，2003.

[88]彭秋茹，阎素兰，黄水清．基于全文本分析的引文指标研究——以 F1000 推荐论文为例[J]．信息资源管理学报，2019，9（4）：82-88.

[89]钱绮琪，吴钢，司莉．高品质论文的引用特征分析——以"高等学校科学研究优秀成果奖（人文社会科学）"为例[J]．信息资源管理学报，2012，2（2）：85-90.

[90]乔纳森·科尔，斯蒂芬·科尔．科学界的社会分层[M]．赵佳苓，顾昕，黄绍林，译．北京：华夏出版社，1989.

[91]邱均平，陈晓宇，何文静．科研人员论文引用动机及相互影

响关系研究[J]. 图书情报工作, 2015, 59(9): 36-44.

[92]邱均平, 缪雯婷. 文献计量学在人才评价中应用的新探索——以"h 指数"为方法[J]. 评价与管理, 2007(2): 1-5.

[93]邱均平, 余厚强. 跨学科发文视角下我国图书情报学跨学科研究态势分析[J]. 情报理论与实践, 2013, 36(5): 5-10.

[94]邱均平, 余以胜, 邹菲. 内容分析法的应用研究[J]. 情报杂志, 2005(8): 11-13.

[95]邱均平. 论"引文耦合"与"同被引"[J]. 图书馆, 1987(3): 13-19.

[96]时艳钗, 吴江洪. 学术论文参考文献著录失范问题探析——基于编辑控制的视角[J]. 丽水学院学报, 2013, 35(4): 55-59.

[97]史雅莉, 赵童, 杨思洛. 引证视角下科研用户的数据认知行为研究——基于扎根理论方法[J]. 情报理论与实践, 2020, 43(6): 49-55.

[98]宋歌. 共被引分析方法迭代创新路径研究[J]. 情报学报, 2020, 39(1): 12-24.

[99]宋丽萍, 王建芳, 付婕, 苑珊珊. 以共引网络识别研究领域的引文评价方法有效性分析[J]. 图书情报工作, 2021, 65(23): 100-105.

[100]宋维翔. "王子"对"睡美人文献"引用的动机分析——基于邮件访谈调查的实证研究[J]. 现代情报, 2018, 38(5): 32-36.

[101]宋秀芳, 迟培娟. Vosviewer 与 Citespace 应用比较研究[J]. 情报科学, 2016, 34(7): 108-112, 146.

[102]宋艳辉, 武夷山. 作者文献耦合分析与作者关键词耦合分析比较研究: Scientometrics 实证分析[J]. 中国图书馆学报, 2014, 40(1): 25-38.

[103]孙峰, 温茂森. 科技论文参考文献的作用及引用中存在的问题[J]. 燕山大学学报(哲学社会科学版), 2005(3): 92-94.

[104]唐继瑞, 叶鹰. 单篇论著学术迹与影响矩比较研究[J]. 中国

图书馆学报，2015（2）：4-16.

[105]唐莉，Philip S，Jan Y. 中国科研成果的引用增长是否存在"俱乐部效应"？[J]. 财经研究，2016，42（10）：94-107.

[106]唐璞妮. p_r(y)指数和 h_r(y)指数在学者学术影响力动态评价中的应用研究——以图情领域为例[J]. 情报理论与实践，2020，43（12）：63-67，41.

[107]陶范. 参考文献引用原则辨析[J]. 编辑学报，2006（4）：252-254.

[108]陶颖，周莉，宋艳辉. 知识域可视化中的共被引与耦合研究综述[J]. 图书情报工作，2017，61（11）：140-148.

[109]王菲菲，王筱涵，刘扬. 三维引文关联融合视角下的学者学术影响力评价研究——以基因编辑领域为例[J]. 情报学报，2018，37（6）：610-620.

[110]王剑，高峰，满芮，等. 基于引用频次和内容分析的引文分布与动机关系研究[J]. 情报杂志，2013，32（9）：100-103.

[111]王娟琴. 三种检索模型的比较分析研究——布尔、概率、向量空间模型[J]. 情报科学，1998（3）：225-230，260.

[112]王立梅. 基于引文内容分析的老子思想域外学术知识扩散趋势研究——以 WOS 论文为例[D]. 上海：华东师范大学，2020.

[113]王伟. 信息计量学及其医学应用[M]. 北京：人民卫生出版社，2009.

[114]王文娟，马建霞，陈春，等. 引文文本分类与实现方法研究综述[J]. 图书情报工作，2016，60（6）：118-127.

[115]王小红. 主题模型为科学与人文融合提供新契机[N]. 中国社会科学报，2018-12-06（007）.

[116]王秀元，杨学作，彭庆吉. 参考文献著录规则及常见问题探析——以《山东国土资源》为例[J]. 山东国土资源，2015，31（6）：81-84.

[117]王志标. 学术期刊论文引用失范表现、原因及治理[J]. 中国出版，2020（21）：46-50.

[118]王志红．我国图情领域期刊论文在线百科的利用特征探析[J]．图书情报工作，2016，60(19)：99-107.

[119]卫军朝，蔚海燕．基于不同文献类型的知识演化研究[J]．情报科学，2011，29(11)：1742-1746.

[120]卫军朝，蔚海燕．科学结构及演化分析方法研究综述[J]．图书与情报，2011(4)：48-52.

[121]温芳芳．国际化背景下我国图书情报学与世界各国研究相似性的测度与比较——基于1999—2018年Web of Science论文的耦合分析[J]．情报学报，2020，39(7)：687-697.

[122]伍军红．复合影响因子与期刊影响力评价[J]．编辑学报，2011，23(6)：552-554.

[123]肖香龙．基于最省力法则的引用行为研究[D]．武汉：武汉大学，2018.

[124]徐琳宏，丁堃，孙晓玲，等．施引文献视角下正面引用论文的影响力及其影响因素的研究——以自然语言处理领域为例[J]．情报学报，2021，40(4)：354-363.

[125]徐璐，李长玲，荣国阳．期刊的跨学科引用对跨学科知识输出的影响研究——以图书情报领域为例[J]．情报杂志，2021，40(7)：182-188.

[126]徐书荣，潘静．中国地质学类期刊文后参考文献的引用特征[J]．中国科技期刊研究，2015，26(2)：162-167.

[127]许花桃．科技论文参考文献引用不当及文中标注不规范的问题分析[J]．编辑学报，2011，23(4)：318-320.

[128]许洁．当前高校学报参考文献引用存在的问题及对策研究[J]．乐山师范学院学报，2009，24(8)：100-102，116.

[129]严丽．科技文献运动过程中的"马太效应"[J]．情报杂志，2007(3)：77-79.

[130]杨京，王芳，白如江．一种基于研究主题对比的单篇学术论文创新力评价方法[J]．图书情报工作，2018，62(17)：75-83.

[131]杨丽．学术期刊参考文献规范化问题探讨——以图书情报专

业核心期刊为例[J]. 图书馆论坛，2010，30（1）：18-20，154.

[132]杨彧. 学术论文参考文献引用不当造成的后果及防范[J]. 新闻前哨，2019（1）：75-76.

[133]叶光辉，彭泽，毕崇武，徐彤. 引文内容视角下的引文网络知识流动特征研究[J]. 情报理论与实践，2020，43（12）：4-10.

[134]叶文豪. 学术文本引用行为中的情感特征抽取[D]. 南京：南京农业大学，2018.

[135]伊特韦尔. 新帕尔格雷夫经济学大辞典[M]. 北京：经济科学出版社，1996.

[136]佚名，论文引用有"泡沫"[J]. 岩石力学与工程学报，2003（4）：520.

[137]尹莉，邓红梅. 自引的新评价——引用极性、引用位置和引用密度的视角[J]. 情报杂志，2019，38（9）：180-184，179.

[138]张惠. 论学术期刊编辑对稿件质量的把关——以文献引用为视角[J]. 出版科学，2011，19（2）：42-45.

[139]张金年，罗艳. 基于内容的作者研究相似度与潜在合作网络分析——以图书馆学期刊为例[J]. 情报科学，2021，39（8）：86-93.

[140]张梦莹，卢超，郑茹佳，等. 用于引文内容分析的标准化数据集构建[J]. 图书馆论坛，2016，36（8）：48-53.

[141]张敏，刘盈，严炜炜. 科研工作者引文行为的影响因素及认知过程——基于情感结果预期和绩效结果预期的双路径分析视角[J]. 图书馆杂志，2018，37（6）：74-84.

[142]张敏，夏宇，刘晓彤，张艳. 科技引文行为的影响因素及内在作用机理分析——以情感反应、认知反应和社会影响为研究视角[J]. 图书馆，2017（5）：77-84.

[143]张敏，赵雅兰，张艳. 从态度、意愿到行为：人文社会科学领域引文行为的形成路径分析[J]. 现代情报，2017，37（9）：23-29.

[144]张瑞.我国图书情报学跨学科知识流入特征研究[J].情报杂志,2019,38(8):195-201.

[145]张艳芬.文献转引导致的引文误差实例分析[J].医学信息(上旬刊),2011,24(1):49-50.

[146]张洋,郭伟.参考文献著录不规范现象分析及其解决方法[J].江汉大学学报(自然科学版),2013,41(4):150-152.

[147]张益明.基于两级传播理论的卷烟品牌口碑传播[J].中国烟草学报,2015,21(1):112-118.

[148]章成志,李卓,赵梦圆,等.基于引文内容的中文图书被引行为研究[J].中国图书馆学报,2019,45(241):96-109.

[149]章成志,丁睿祎,王玉琢.基于学术论文全文内容的算法使用行为及其影响力研究[J].情报学报,2018,37(12):1175-1187.

[150]赵红洲.论科学结构[J].中州学刊,1981(3):59-65,133.

[151]赵秋民.科技期刊参考文献著录错误分析及防范对策[J].编辑之友,2009(6):47-49.

[152]赵荣,潘薇.两级传播理论在情报用户研究中的引入[J].农业图书情报学刊,2007,19(2):22-24.

[153]赵蓉英,曾宪琴,陈必坤.全文本引文分析——引文分析的新发展[J].图书情报工作,2014,58(9):129-135.

[154]赵蓉英,魏绪秋,王建品.引文分析研究与进展[J].情报学进展,2018,12(0):50-80.

[155]赵越,屈卫群,周杭,陈鹏.中文文献文中引用规范的探讨[J].新世纪图书馆,2015(7):34-37,50.

[156]周红云.科技论文来稿中参考文献著录格式存在的问题及解决方案[J].云南大学学报(自然科学版),2011,33(S2):63-64,67.

[157]周瑛.信息检索中文本相似度的研究[J].情报理论与实践,2005(2):142-144.

[158]朱大明.参考文献的引用动机[J].科技导报,2013,31(22):84.

221

[159]朱大明. 略论引文表述的基本模式及注意事项[J]. 中国科技
期刊研究, 2011, 22(3): 430-432.

[160]祝清松, 冷伏海. 基于引文内容分析的高被引论文主题识别
研究[J]. 中国图书馆学报, 2014, 40(1): 39-49.

[161]祝小静. 团队型学科化服务模式实践与思考——以中国人民
大学图书馆为例[J]. 知识管理论坛, 2014(4): 22-26.

二、英文参考文献

[1]Abu-Jbara A, Ezra J, Radev D. Purpose and polarity of citation:
towards NLP-based bibliometrics [C]//Proceedings of Human
Language Technologies: The Conference of the North American
Chapter of the Association for Computational Linguistics 2013,
Denver, Colorado, USA, 2013, 59(9): 596-606.

[2]Alfredo Y, Ismael R, Pablo D. Does interdisciplinary research lead
to higher citation impact? The different effect of proximal and distal
interdisciplinarity[J]. PLOS One, 2015, 10(8): e0135095.

[3]Bertin M, Atanassova I. Weak links and strong meaning: the
complex phenomenon of negational citations [C]//Proceedings of
BIR 2016 Workshop on Bibliometric-enhanced Information
Retrieval. Newark, New Jersey, USA, 2016: 14-25.

[4]Biglu M H. The influence of references per paper in the SCI to
impact factors and the Matthew effect[J]. Scientometrics, 2008,
74(3): 1008-1020.

[5]Bonzi S, Snyder H W. Motivations for citation- a comparison of self-
citation and citation to others[J]. Scientometrics, 1991, 21(2):
245-254.

[6]Bonzi S. Characteristics of a literature as predictors of relatedness
between cited and citing works[J]. Journal of the American Society
for Information Science, 1982, 33(4): 208-216.

[7]Bookstein A, Yitzhaki M. Own-language preference: a new measure
of "relative language self-citation"[J]. Scientometrics, 1990, 46

（2）: 337-348.

[8]Bornmann L, Daniel H. What do citation counts measure? a review of studies on citing behavior[J]. Journal of Documentation, 2008, 64(1): 45-80.

[9]Bornmann L, Marx W. The wisdom of citing scientists[J]. Journal of the American Society for Information Science and Technology, 2014, 65(6): 1288-1292.

[10]Boyack K W, Klavans R. Co-citation analysis, bibliographic coupling, and direct citation: which citation approach represents the research front most accurately? [J]. American Society for Information Science and Technology, 2010, 61 (12): 2389-2404.

[11]Boyack K W, Small H, Klavans R. Improving the accuracy of co-citation clustering using full text [J]. Journal of the American Society for Information Science and Technology, 2013, 64(9): 1759-1767.

[12]Braam R R, Moed H F, Van Raan A F J. Mapping of science by combined co-citation and word analysis. Structural aspects [J]. Journal of the American Society for Information Science, 1991, 42 (4): 233-251.

[13]Bradshaw S. Reference directed indexing: indexing scientific literature in the context of its use [D]. Northwestern University, 2003.

[14]Brooks T A. Evidence of complex citer motivations[J]. Journal of the American Society for Information Science, 1986, 37(4): 34-36.

[15]Brooks T A. Private acts and public objects: an investigation of citer motivations [J]. Journal of the American Society for Information Science, 2010, 36(4): 223-229.

[16]Browne R F J, Logan P M, Lee M J, et al. The accuracy of references in manuscripts submitted for publication[J]. Canadian

Association of Radiologists Journal, 2004, 55(3): 170-173.

[17] Cano V. Citation behavior: classification, utility, and location [J]. Journal of the American Society for Information Science, 1989, 40(4): 284-290.

[18] Cao Y, Liu F, Simpson P, et al. An online question answering system for complex clinical questions[J]. Journal of Biomedical Informatics, 2011, 44(2): 277-288.

[19] Case D O, Higgins G M. How can we investigate citation behavior? A study of reasons for citing literature in communication [J]. Journal of the Association for Information Science and Technology, 2000(7): 635-645.

[20] Catalini C, Lacetera L, Oettl A. The incidence and role of negative citations in science [J]. Proceedings of the National Academy of Sciences, 2015, 112(45): 13823-13826.

[21] Chang Y W. A comparison of citation contexts between natural sciences and social sciences and humanities[J]. Scientometrics, 2013, 96(2): 535-553.

[22] Chao M, Ding Y, Li J, et al. Innovation or imitation: the diffusion of citations[J]. Journal of the Association for Information Science and Technology, 2018, 69(10): 1271-1282.

[23] Chen C M, Hicks D. Tracing knowledge diffusion [J]. Scientometrics, 2004, 59(2): 199-211.

[24] Chubin D E, Moitra S D. Content analysis of references: adjunct or alternative to citation counting? [J]. Social Studies of Science, 1975, 5(4): 423-441.

[25] Cronon B. The need for a theory of citing [J]. Journal of Documentation, 1981, 37(1): 16-24.

[26] da Silva J A T. The Matthew effect impacts science and academic publishing by preferentially amplifying citations, metrics and status [J]. Scientometrics, 2021, 126(6): 5373-5377.

[27] Ding J D, Xie R X, Liu C, et al. The weighted impact factor:

the paper evaluation index based on the citation ratio[J]. Aslib Journal of Information Management, 2022, 74(1): 37-53.

[28] Ding Y, Ling X Z, Guo C, et al. The distribution of references across texts: some implications for citation analysis[J]. Journal of Informetrics, 2013, 7(3): 583-592.

[29] Ding Y. Content-based citation analysis: the next generation in citation analysis [EB/OL]. [2022-1-14]. http://www.lis.illinois.edu/events/2012/09/26/content-based—citation-analysis-next-generation-citation-analysis.

[30] Egghe L, Rousseau R. Co-citation, bibliographic coupling and a characterization of lattice citation networks [J]. Scientometrics, 2002, 55(3): 349-361.

[31] Eichorn P, Yankauer A. Do authors check their references? A survey of accuracy of references in 3 public- health journals[J]. American Journal of Public Health, 1987, 77(8): 1011-1012.

[32] Elkiss A, Shen S, Fader A, et al. Blind men and elephants: what do citation summaries tell us about a research article? [J]. Journal of the American Society for Information Science and Technology, 2008, 59(1): 51-62.

[33] Eom S B. Mapping the intellectual structure of research in decision support systems through author co-citation analysis (1971-1993) [J]. Decision Support Systems, 1996, 16(4): 315-338.

[34] Evans J T, Nadjari H I, Burchell S A. Quotational and reference accuracy in Surgical journals- a continuing peer- review problem [J]. Journal of the American Medical Association, 1990, 263 (10): 1353-1354.

[35] Faba-Perez C, Guerrero-Bote V P, de Moya-Anegon F. Data mining in a closed Web environment[J]. Scientometrics, 2003, 58(3): 623-640.

[36] Fang H. Investigating the journal impact along the columns and rows of the publication -citation matrix[J]. Scientometrics, 2020,

225

125(3): 2265-2282.

[37] Feichtinger G, Grass D, Kort P M, et al. On the Matthew effect in research careers [J]. Journal of Economic Dynamics and Control, 2021(123): 104058.

[38] Ferreira F A F. Mapping the field of arts-based management: bibliographic coupling and co-citation analyses [J]. Journal of Business Research, 2018(85): 348-357.

[39] Fu X X, Niu Z W, Yeh M K. Research trends in sustainable operation: a bibliographic coupling clustering analysis from 1988 to 2016[J]. Cluster Computing, 2016, 19(4): 2211-2223.

[40] Garfield E. Can citation indexing be automated? [J]. Essays of an information scientist, 1962(1): 84-90.

[41] Garfield E. Citation indexes for science: a new dimension in documentation through association of ideas[J]. Science, 1955, 122(3159): 108-111.

[42] Garfield E. Historiographic mapping of knowledge domains literature[J]. Journal of Information Science, 2004, 30 (2): 119-145.

[43] Garfield E. Is citation analysis a legitimate evaluation tool? [J]. Scientometrics, 1979, 1(4): 359-375.

[44] Gilber T G N. Referencing as persuasion[J]. Social Studies of Science, 1977, 7(1): 113-122.

[45] Gipp B, Beel J. Identifying related documents for research paper recommender by CPA and COA[C]//Proceedings of International Conference on Education and Information Technology. Berkeley, 2009: 636-639.

[46] Glanzel W, Czerwon H J. A new methodological approach to bibliographic coupling and its application to research-front and other core documents [C]//Proceedings of 5th international conference on Scientometrics and Informatics. Medford: Learned Information Inc, 1995: 167-176.

[47] Glanzel W, Thijs B, Schlemmer B. A bibliometric approach to the role of author self-citations in scientific communication [J]. Scientometrics, 2004, 59(1): 63-77.

[48] Glanzel W, Thijs B. Using core documents for detecting and labelling new emerging topics [J]. Scientometrics, 2012, 91(2): 399-416.

[49] Gonzalez-Alcaide G, Calafat A, Becona E. Core research areas on addiction in Spain through the Web of Science bibliographic coupling analysis (2000-2013) [J]. Adicciones, 2014, 26(2): 168-183.

[50] Gonzalez-Sala F, Osca-Lluch J, Haba-Osca J. Are journal and author self-citations a visibility strategy? [J]. Scientometrics, 2019, 119(3): 1345-1364.

[51] Goodrum A A, Mccain K W, Lawrence S, et al. Scholarly publishing in the Internet age: a citation analysis of computer science literature [J]. Information Processing & Management, 2001, 37(5): 661-675.

[52] Guo Z, Ding Y, Milojevic S. Citation content analysis (CCA): a framework for syntactic and semantic analysis of citation content [J]. Journal of the Association for Information Science and Technology, 2013, 64(7): 1490-1503.

[53] Halevi G, Moed H F. The thematic and conceptual flow of disciplinary research: a citation context analysis of the Journal of Informetrics [J]. Journal of the American Society for Information Science and Technology, 2013, 64(9): 1903-1913.

[54] Hamedani M R, Kim S W, Kim D J. SimCC: a novel method to consider both content and citations for computing similarity of scientific papers [J]. Information Sciences, 2016(2): 273-292.

[55] Hanney S, Frame I, Grant J, et al. From bench to bedside: tracing the payback forwards from basic or early clinical research-a preliminary exercise and proposals for a future study [R]. HERG

227

Research Report NO. 31, Health Economics Research Group, Uxbridge: Brunel University, 2003.

[56] Hassanl S, Akram A, Haddawy P. Identifying important citations using contextual information from full text[C]//Proceedings of the 17th ACM/IEEE Joint Conference on Digital Libraries. Toronto, Ontario, Canada, 2017: 41-48.

[57] Haupt R L. Citations referenced but not read[J]. IEEE Antennas and Propagation Magazine, 2004, 46(3): 116-116.

[58] Herlach G. Can retrieval of information from citation indexes be simplified- multiple mention of a reference as a characteristic of link between cited and citing article[J]. Journal of the American Society for Information Science, 1978, 29(6): 308-310.

[59] Hernandez-Alvarez M, Gomez J M. Citation impact categorization: for scientific literature[C]. Proceedings of 2015 IEEE International Conference on Computational Science & Engineering, Porto, Portugal, 2015: 307-313.

[60] Hou W R, Li M, Niu D K. Counting citations in texts rather than reference lists to improve the accuracy of assessing scientific contribution[J]. Bioessays, 2011, 33(10): 724-727.

[61] Huang M H, Chang C P. Detecting research fronts in OLED field using bibliographic coupling with sliding window[J]. Scientometrics, 2014, 98(3): 1721-1744.

[62] Huang Y, Bu Y, Ding Y, et al. Exploring direct citations between citing publications[J]. Journal of Information Science, 2021, 47(5): 615-626.

[63] Janssens F A, Glanzel W, Demoor B. Dynamic hybrid clustering of bioinformatics by incorporating text mining and citation analysis [C]//Proceedings of the 13th ACM SIGKDD International Conference on Knowledge Discovery and Data Mining, 2007: 360-369.

[64] Jarneving B. A comparison of two bibliometric methods for mapping

of the research front [J]. Scientometrics, 2005, 65 (2): 245-263.

[65] Jeong Y K, Song M, Ding Y. Content-based author co-citation analysis[J]. Journal of Informetrics, 2014, 8(1): 197-211.

[66] Jin N, Yang N D, Sharif S M F, et al. Changes in knowledge coupling and innovation performance: the moderation effect of network cohesion [J]. Journal of Business and Industrial Marketing, 2022, 10. 1108/JBIM-05-2021-0260.

[67] Kaplan N. The norms of citation behavior: prolegomena to the footnote[J]. American Documentation, 1965, 16(3): 179-184.

[68] Kessler M M. Bibliographic coupling between scientific papers[J]. American Documentation, 1963, 14(1): 10-25.

[69] Ki E, Pasadeos Y, Ertem-Eray T. The structure and evolution of global public relations: a citation and Co-citation analysis 1983-2019[J]. Public Relations Review, 2021, 47(1): 102012.

[70] Klavans R, Royack K W. Identifying a better measure of relatedness for mapping science [J]. Journal of the American Society for Information Science and Technology, 2006, 57(2): 251-263.

[71] Larivier E V, Gingras Y. The impact factor's Matthew effect: a natural experiment in bibliometrics[J]. Journal of the American Society for Information Science and Technology, 2010, 61(2): 424-427.

[72] Li S Y, Shen H W, Bao P. h(u)-index: a unified index to quantify individuals across disciplines[J]. Scientometrics, 2021, 126(4): 3209-3226.

[73] Liang L M, Zhong Z, Rousseau R. Scientists' referencing (mis) behavior revealed by the dissemination network of referencing errors [J]. Scientometrics, 2014, 101(3): 1973-1986.

[74] Lin D. An information-theoretic definition of similarity [C]// Proceedings of the 15th International Conference on Machine

229

Learning, 1998.

[75] Lin W, Huang M. The relationship between co-authorship, currency of references and author self-citations[J]. Scientometrics, 2015, 90(2): 343-360.

[76] Lin X, White H D, Buzydlowski J. Real-time author co-citation mapping for online searching [J]. Information Processing & Management, 2003, 39(5): 689-706.

[77] Liu M. A study of citing motivation of Chinese scientists [J]. Journal of Information Science, 1993, 19(1): 13-23.

[78] Lu C, Ding Y, Zhang C. Understanding the impact change of a highly cited article: a content-based citation analysis [J]. Scientometrics, 2017, 112(2): 927-945.

[79] Lyu Y S, Yin M Q, Xi F J, et al. Progress and Knowledge Transfer from Science to Technology in the Research Frontier of CRISPR Based on the LDA Model [J]. Journal of Data and Information Science, 2022, 7(1): 1-19.

[80] Macroberts M H, Macroberts B R. Quantitative measures of communication in science — A study of the formal level[J]. Social Studies of Science, 1986, 16(1): 151-172.

[81] Maike E, Andrew F. Calculating Wikipedia article similarity using machine translation evaluation metrics [C]//Proceedings of the 2011 IEEE Workshops of International Conference on Advanced Information Networking and Applications, 2011: 620-625.

[82] Maricic S, Spaventi J, Pavicic L, et al. Citation context versus the frequency counts of citation histories [J]. Journal of the Association for Information Science and Technology, 1998, 49 (6): 530-540.

[83] Maurice P, Sebastian M, Gonzalo H. Robust h-index[J]. Scientometrics, 2021, 126(7): 1969-1981.

[84] May K O. Abuses of citation indexing[J]. Science, 1967(5): 889-991.

[85]McCain K W. Mapping economics through the journal literature: An experiment in journal co-citation analysis[J]. Journal of the American Society for Information Science, 1991, 42(4): 290-296.

[86]Mei Q, Zhai C. Generating impact-based summaries for scientific literature[J]. Proceedings of ACL-08. Columbus: HLT, 2008: 816-824.

[87]Mogee M E, Kolar R G. Patent co-citation analysis of Eli Lilly & Co. patents[J]. Expert Opinion on Therapeutic Patents, 1999, 9 (3): 291-305.

[88]Moravcsik M J, Murugesan P. Some results on the function and quality of citations[J]. Social studies of science, 1975, 5(1): 86-92.

[89]Moreno-Delgado A, Gorraiz J, Repiso R. Assessing the publication output on country level in the research field communication using Garfield's Impact Factor[J]. Scientometrics, 2021, 126(7): 5983-6000.

[90]Morris S A, Yen G, Wu Z, et al. Timeline visualization of research fronts[J]. Journal of the American Society for Information Science and Technology, 2003, 55(5): 413-422.

[91]Moya-Anegon F, Vargas-Quesada B, Herrero-Solana V, et al. A new technique for building maps of large scientific domains based on the co-citation of classes and categories[J]. Scientometrics, 2004, 61(1): 129-145.

[92]Nanba H, Okumura M. Automatic detection of survey articles [C]//Research and Advanced Technology for Digital Libraries. Vienna: Springer, 2005: 391-401.

[93]Newman M. Introduction to Network Science[M]. Electronic Industry Press, Beijing, 2014.

[94]Nils R, Iryna G. Sentence-BERT: sentence embeddings using Siamese BERT-Networks[C]//Proceedings of the 2019 Conference

231

on Empirical Methods in Natural Language Processing. Association for Computational Linguistics, 2019.

[95]Norris M, Oppenheim C, Charles F R. The citation advantage of open-access articles [J]. Journal of the American Society for Information Science and Technology, 2008, 59 (12): 1963-1972.

[96] O'Connor J. Biomedical citing statements: computer recognition and use to aid full-text retrieval [J]. Information Processing & Management, 1983, 19(6): 361-368.

[97] O'Connor J. Citing statements: computer recognition and use to improve retrieval [J]. Information Processing & Management, 1982, 18(3): 125-131.

[98]Oard D W, Hackett P. Document translation for cross-language text retrival at the university of Marylan [J]. Journal of Computer Science and Technology, 1998, 30(2): 259-272.

[99]Oppenheim C, Renn S P. Highly cited old papers and the reasons why they continue to be cited[J]. Journal of the American Society for Information Science, 1978, 29(5): 225-231.

[100]Park J, Seok S, Park H W. Web feature and co-mention analyses of open data 500 on education companies[J]. Journal of the Korean Data Analysis Society, 2016, 18(4): 2067-2078.

[101]Persson O. The intellectual base and research fronts of JASIS 1986-1990[J]. Journal of the Association for Information Science and Technology, 1994, 45(1): 31-38.

[102]Peterson G J, Presse S, Dill K A. Nonuniversal power law scaling in the probability distribution of scientific citations[J]. Proceedings of the National Academy of Sciences of the United States of America, 2010, 107(37): 16023-16027.

[103]Porter A L, Rafols I. Is science becoming more interdisciplinary? Measuring and mapping six research fields over time [J]. Scientometrics, 2009, 81(3): 719-745.

[104] Prabha C G. Some aspects of citation behavior: a pilot study in business administration[J]. Journal of the American Society for Information Science, 1983, 34(3): 202-206.

[105] Price D J D. Citation classic-Little science, big science[J]. Current Contents, 1983(29): 18.

[106] Ren S, Rousseau R. International visibility of Chinese scientific journals. Scientometrics, 2002, 53(3): 389-405.

[107] Rivkin A. Manuscript Referencing Errors and Their Impact on Shaping Current Evidence [J]. American Journal of Pharmaceutical education, 2020, 84(7): 877-880.

[108] Roman M, Shahid A, Khan S, et al. Citation intent classification using word embedding[J]. IEEE Access, 2021, 9(1): 9982-9995.

[109] Rong T, Martin A S. Author-rated importance of cited references in biology and psychology publications[J]. Journal of documentation, 2008, 64(2): 246-272.

[110] Sandnes F E. A simple back-of-the-envelope test for self-citations using Google Scholar author profiles[J]. Scientometrics, 2020, 124(2): 1685-1689.

[111] Schiebel E. Visualization of research fronts and knowledge bases by three-dimensional areal densities of bibliographically coupled publications and co-citations[J]. Scientometrics, 2012, 91(2): 557-566.

[112] Schneider J W, Costas R. Identifying potential "breakthrough" publications using refined citation analyses: three related explorative approaches[J]. Journal of the American Society for Information Science and Technology, 2017, 68(3): 709-723.

[113] Sen S K. A theoretical glance at citation process[J]. International forum on information and documentation, 1990, 15(1): 1-7.

[114] Shadish W R, Tolliver D, Gary M, et al. Author judgements about works they cite: three studies from psychology journals[J].

233

Social Studies of Science, 1995, 25(3): 477-498.

[115] Shah T, Gul S, Gaur R. Authors self-citation behavior in the field of library and information science [J]. Aslib Journal of Information Management, 2015, 67(4): 458-468.

[116] Shen H W, Barabasi A L. Collective credit allocation in science [J]. Proceedings of the National Academy of Sciences, 2014, 111(34): 12325-12330.

[117] Shibata N, Kajikawa Y, Takeda Y, et al. Comparative study on methods of detecting research fronts using different types of citation [J]. Journal of the American Society for Information Science and Technology, 2010, 60(3): 571-580.

[118] Sidiropoulos A, Gogoglou A, Katsaros D, et al. Gazing at the skyline for star scientists [J]. Journal of Informetrics, 2016, 10 (3): 789-813.

[119] Singson M, Sunny S, Thiyagarajan S, et al. Citation behavior of Pondicherry University faculty in digital environment: a survey [J]. Global knowledge memory and communication, 2020, 69 (4-5): 363-375.

[120] Small H G, Greenlee E. Citation context analysis of a co-citation cluster: recombinant-DNA [J]. Scientometrics, 1980, 2 (4): 277-301.

[121] Small H G, Griffith B C. The structure of scientific literature I: identifying and graphing specialties [J]. Social Studies of Science, 1974(4): 17-40.

[122] Small H G. A co-citation model of a scientific specialty: A longitudinal-study of collagen research [J]. Social Studies of Science, 1977, 7(2): 139-166.

[123] Small H G. A Sci-Map case-study: Building a map of AIDS research [J]. Scientometrics, 1994, 30(1): 229-241.

[124] Small H G. Citation context analysis [J]. Progress in Social Communication Sciences, 1982(3): 287-310.

[125] Small H G. Co-citation in the scientific literature: a new measure of the relationship between two documents [J]. Journal of the American Society for Information Science, 1973, 24(4): 265-269.

[126] Small H G. Macro-level changes in the structure of co-citation clusters: 1983-1989[J]. Scientometrics, 1993, 26(1): 5-20.

[127] Small H G. Tracking and predicting growth areas in science[J]. Scientometrics, 2006, 68(3): 595-610.

[128] Small H. Co-citation context analysis and the structure of paradigms[J]. Journal of Documentation, 1980, 36(3): 183-196.

[129] Small H. The relationship of information-science to the social-sciences: A co-citation analysis [J]. Information Processing & Management, 1981, 17(1): 39-50.

[130] Sombatsompop N, Kositchaiyong A, Markpin T, et al. Scientific evaluations of citation quality of international research articles in the SCI database: Thailand case study [J]. Scientometrics, 2006, 66(3): 521-535.

[131] Song Y, Wu L, Feng M. A study of differences between all-author bibliographic coupling analysis and all-author co-citation analysis in detecting the intellectual structure of a discipline[J]. The Journal of Academic Librarianship, 2021, 47(3): 102351.

[132] Stordal B. Citations, citations everywhere but did anyone read the paper? [J]. Colloids and Surfaces B-biointerfaces, 2009, 72(2): 312-312.

[133] Su C, Pan Y T, Ma Z, et al. Prestige Rank and peer review for evaluation of scientific papers[J]. Journal of the China Society for Scientific and Technical Information, 2012, 31(2): 180-188.

[134] Su Y M, Hsu P Y, Pai N Y. An approach to discover and recommend cross-domain bridge-keywords in document banks[J]. The Electronic Library, 2010, 28(5): 669-687.

［135］Sula C A, Miller M. Citations, contexts, and humanistic discourse: toward automatic extraction and classification［J］. Literary and Linguistic Computing, 2014, 29(3): 452-464.

［136］Sun J. Jieba Chinese word segmentation component［EB/OL］.［2022-01-20］. http: //github. com/fxsjy/jieba.

［137］Tahamtan I, Afshar A, Ahamdzadeh K. Factors affecting number of citations: a comprehensive review of the literature［J］. Scientometrics, 2016, 107(3): 1195-1225.

［138］Teixeira da Silva J A. The Matthew effect impacts science and academic publishing by preferentially amplifying citations, metrics and status［J］. Scientometrics, 2021, 126(6): 5373-5377.

［139］Teng J T C, Galletta D F. MIS research directions: a survey of researchers views［J］. ACM SIGMIS Database, 1991, 22(1-2): 53-62.

［140］Teufel S, Siddharthan A, Dan T. Automatic classification of citation function［J］ Conference on Empirical Methods in Natural Language Processing, 2006, 14(1): 103-110.

［141］Thijs B, Zhang L, Glanzel W. Bibliographic coupling and hierarchical clustering for the validation and improvement of subject classification schemes［J］. Scientometrics, 2015, 105(3): 1453-1467.

［142］Todd P A, Ladle R. J. Hidden dangers of a 'citation culture'. Ethics in Science and Environmental Politics［J］. Ethics in Science and Environmental Politics, 2008, 8(1): 13-16.

［143］Tol R S J. The Matthew effect defined and tested for the 100 most prolific economists［J］. Journal of the American Society for Information Science and Technology, 2009, 60(2): 420-426.

［144］Vaughan L Q, Shaw D. Web citation data for impact assessment: a comparison of four science disciplines［J］. Journal of the American Society for Information Science and Technology, 2005,

56(10): 1075-1087.

[145] Vieira E S, Gomes J A N F. Citations to scientific articles: its distribution and dependence on the article features[J]. Journal of Informetrics, 2010, 4(1): 1-13.

[146] Viera A J, Garrett J M. Understanding interobserver agreement: the kappa statistic[J]. Family Medicine, 2005, 37(5): 360-363.

[147] Vinkler P. A quasi-quantitative citation model[J]. Scientometrics, 1987, 12(1): 47-72.

[148] Wan X. J, Liu F. Are all literature citations equally important? automatic citation strength estimation and its applications[J]. Journal of the Association for Information Science and Technology, 2014, 65(9): 1929-1938.

[149] Wang F F, Jia C R, Wang X H, et al. Exploring all-author tripartite citation networks: a case study of gene editing[J]. Journal of Informetrics, 2019, 13(3): 856-873.

[150] Wang M Y, Leng D T, Ren J J, et al. Sentiment classification based on linguistic patterns in citation context[J]. Current Science, 2019, 117(4): 606-616.

[151] Wang M Y, Zhang J Q, Jiao S J, et al. Important citation identification by exploiting the syntactic and contextual information of citations[J]. Scientometrics, 2020, 125(3): 2109-2129.

[152] Wang X, Fang Z, Sun X. Usage patterns of scholarly articles on Web of Science: a study on Web of Science usage count[J]. Scientometrics, 2016, 109(2): 917-926.

[153] Weinberg B H. Bibliographic coupling: a review[J]. Information Storage and Retrieval, 1974, 10(5-6): 189-196.

[154] Weinstock M. Encyclopedia of Library and Information Science [M]. New York: Marcel Dekker, 1971: 16-40.

[155] Wetterer J K. Quotation error, citation copying, and ant extinctions

in Madeira[J]. Scientometrics, 2006, 67(3): 351-372.

[156] White H D, Griffith B C. Author co-citation: a literature measure of intellectual structure[J]. Journal of the American Society for Information Science, 1981, 32(3): 163-171.

[157] Wikipedia, Information extraction [EB/OL]. [2022-02-05]. https://en. wikipedia. org/w/index. php? title = Information _ extraction&oldid = 846639803.

[158] Wilks S E, Geiger J R, Bates S M, et al. Reference accuracy among research articles published in research on social work practice[J]. Research on Social Work Practice, 2017, 27(7): 813-817.

[159] Xu J, Bu Y, Ding Y, et al. Understanding the formation of interdisciplinary research from the perspective of keyword evolution: a case study on joint attention [J]. Scientometrics, 2018, 117(2): 973-995.

[160] Yan E J, Ding Y. Scholarly network similarities: How bibliographic coupling networks, citation networks, co-citation networks, topical networks, co-authorship networks, and co-word networks relate to each other [J]. Journal of the American Society for Information Science and Technology, 2012, 63 (7): 1313-1326.

[161] Ye F Y, Leydesdorff L. The "Academic Trace" of the performance matrix: a mathematical synthesis of the H-index and the integrated impact indicator (I3) [J]. Journal of the American Society for Information Science and Technology, 2014, 65(4): 742-750.

[162] Yoon J W, Chung E. An identification of the image retrieval domain from the perspective of library and information science with author co-citation and author bibliographic coupling analyses [J]. Journal of the Korean Library and Information Science Society, 2015, 49(4): 99-124.

[163] Yu D, Wang W, Shuai Z, et al. Hybrid self-optimized clustering

model based on citation links and textual features to detect research topics[J]. PLOS ONE, 2017, 12(10): e0187164.

[164] Yu H Q, Xu S M, Xiao T T. Is there Lingua Franca in informal scientific communication? Evidence from language distribution of scientific tweets [J]. Journal of Informetrics, 2018, 12 (3): 605-617.

[165] Zhang B, Ma L, Liu Z. Literature Trend Identification of Sustainable Technology Innovation: A Bibliometric Study Based on Co-Citation and Main Path Analysis[J]. Sustainability, 2020, 12(20): 8664.

[166] Zhang C Z, Liu L F, Wang Y Z. Characterizing references from different disciplines: a perspective of citation content analysis[J]. Journal of Informetrics, 2021, 15(2): 101134.

[167] Zhang R H, Yuan J P. Enhanced author bibliographic coupling analysis using semantic and syntactic citation information [J]. Scientometrics, 2022.

[168] Zhao D Z, Strotmann A. Evolution of research activities and intellectual influences in information science 1996-2005: introducing author bibliographic-coupling analysis [J]. Journal of the American Society for Information Science and Technology, 2008, 59(13): 2070-2086.

[169] Zhao D, Cappelli A, Johnston L. Functions of uni-and multi-citations: implications for weighted citation analysis[J]. Journal of Data and Information Science, 2017, 2(1): 51-69.